宝尔金,蒙古族,副教授。大学毕业后曾经当过中学美术老师,后在广告公司担任设计师和设计部经理,出国留学日本筑波大学艺术研究科设计专业,专攻视觉传达设计。在日工作数年任设计、企划等职务,回国后在日企任职。现任教于广东工业大学艺术设计学院。

在日工作期间加入日本非盈利艺术家团体:DIGITAL IMAGE。DIGITAL IMAGE 的艺术家介绍网页内有专页: http://www.digitalimage.org/artists/index.html

LAYOUT DESIGN

DESIGN 高等院校设计专业"十二五"规划教材

版式设计

主编 宝尔金　副主编 廖威

www.hnupress.com

湖南大学出版社

内 容 简 介

高等院校设计艺术基础教材。

主要分为三大部分：欧文字体概述、汉字字体的再认识及版面设计的形式法则。

强调版式设计的基础设计手法：组版规矩、字体认知、文字的艺术处理。而对这些基本理论的诠释，是通过使用了大量的、经典的、国际的设计案例来实现的。后附有大量学生作业评析。

适应于高等院校设计艺术类专业学生使用，亦可为广告设计类公司从业人员参考。

图书在版编目（CIP）数据

版式设计 / 宝尔金 主编．——长沙：湖南大学出版社，2012.12
高等院校设计艺术基础教材
ISBN 978-7-5667-0293-7

Ⅰ.版… Ⅱ①宝… Ⅲ.版式—设计—高等学校—教材 Ⅳ.① TS881

中国版本图书馆 CIP 数据核字（2013）第 027056 号

高等院校设计艺术基础教材

版式设计

Banshi Sheji

作　　者：宝尔金　主编
责任编辑：胡建华
责任校对：全　健
责任印制：陈　燕
装帧设计：一齐　张　毅
出版发行：湖南大学出版社
社　　址：湖南·长沙·岳麓山　　邮　编：410082
电　　话：0731-88821691(发行部),88821251(编辑室),88821006(出版部)
传　　真：0731-88649312(发行部),88822264(总编室)
电子邮箱：presshujianhua@hnu.cn
网　　址：http://www.hnupress.com
印　　装：湖南画中画印刷有限公司
开本：889×1194　16 开　　印张：9　　字数：208 千
版次：2013 年 3 月第 1 版　　印次：2013 年 3 月第 1 次印刷　　印数：1～5000 册
书号：ISBN 978-7-5667-0293-7/J·257
定价：48.00 元

高等院校设计艺术基础教材

编辑委员会

主　编 周　旭　朱和平

委　员（按姓氏笔画排列）

王安霞　卞宗舜　方四文　丰明高　田卫平　朱和平
何人可　张夫也　张小纲　李中扬　李志平　李轶南
肖　飞　何　辉　周　旭　林　伟　尚华楠　陈　杰
赵江洪　胡　锦　程宇宁　蒋啸镝

参编院校

清华大学	湖北工业大学
湖南大学	广东工业大学
江南大学	大连轻工学院
中南大学	青岛建工学院
东南大学	郑州轻工学院
东华大学	杭州商学院
江苏大学	湖南商学院
福州大学	中南林学院
南华大学	华北水利水电学院
浙江工业大学	江西科技师范学院
长沙理工大学	黄河科技学院
华南理工大学	许昌学院
湖南师范大学	长沙民政学院
哈尔滨师范大学	湖南科技职业学院
内蒙古师范大学	深圳职业技术学院
株洲工学院	

总序

现代设计教育在我国虽然起步较晚，但从20世纪80年代后半期开始，发展极为迅猛。其中最突出的表现莫过于各类院校纷纷开办设计专业，不断扩大招生规模。原因何在？一方面，设计艺术与社会经济、生活密切相关，能创造生产、生活之美。我国经济快速发展，自然对设计人才有巨大的需求量。另一方面，我国设计艺术起步晚，且长期处于一种模仿和经验型状态，人才积淀薄弱。

目前，我国设计艺术教育的发展是跳跃式的、超常规的。从科学的发展观来说，这多少带有些盲目性和急功近利的色彩。我们如果不及时采取一些行之有效的措施的话，其所导致的弊端乃至恶果，在不久的将来会显露出来。如何采取积极措施，固然取决于国家高等教育的发展战略和宏观调控的政策与力度，但对于高等教育自身来说，当务之急是调整和把握设计艺术人才培养的目标、培养的方式和途径，努力使培养出来的人才符合和满足社会的实际需要。而要做到这一点，关键是在注重对学生个性张扬和创造性思维能力提升的宗旨之下，努力提高其艺术修养。

众所周知，艺术修养包括进步的世界观和审美理想、深厚的文化素养、丰富的生活积累、超常的艺术思维活动能力、精湛的艺术技巧和表现才能。这五个方面的知识能力和素养，对于高等艺术教育来说，在很大程度上取决于学生所接受的课程体系和课程教学内容。而与时下设计艺术教育发展近乎无序、师资队伍鱼目混珠的状况一样，设计艺术教育的课程体系和教材建设令人堪忧，全国设计艺术院校的教学内容与教学计划十分混乱。同样一门课程，在某一院校被当作必修课开设，而在另一院校，在选修课程中也往往见不到。即使是在开设了这门课程的院校，其内容也大相径庭，讲授内容基本上由任课教师个人而定。具体而言，如"设计概论"，在一些院校中被作为专业基础课在大二时开设，而在相当多院校的设计专业中没有这门课程。又如史论课程，虽然基本上各院校都开设，但有的是必修课，有的是选修课，有的名之为"中外工艺美术史"，有的称之为"中外美术史"，有的则叫"中外艺术史"，甚至还有叫"中外绘画史"的。单纯从其名称来看，就有如此大的分歧，其内容和开设的目的性也就难免有差异了。再如，设计艺术学最基本的"三大构成"——平面构成、立体构成和色彩构成，就笔者所翻检的十多种通用教材来看，可以说在内容上不仅缺乏融会贯通，而且基本上是一些纯知识性的介绍，几乎不涉及其在设计中的具体作用和运用。换言之，就是目的性和针对性缺乏提示与提炼。总之，课程设置的目的性不明确，其结果，一方面使学生对其知识重要性的认识不明确，造成学习时的不重视，甚至厌学现象发生；另一方面，也使得设计艺术专门人才由前些年的理论基础欠缺到目前的贫乏愈益加剧，使相当多的毕业生虽然有一定的动手能力，但知其然而不知其所以然，缺少创新意识，只能停留在模仿阶段。

此外，在课程的内容方面，知识陈旧，缺少应有的广度与深度。

从教学要求及其规律来说，开设某一门课的目的，不外乎有二：一是使学生对该学科、该专业的某一方面、某一类别的知识有一个系统详细的了解。具体到艺术设计专业，在掌握基本知识的前提之下，还必须熟悉这些知识在实践中的具体运用情况。二是必须对专业知识的积淀和形成的过程清晰地进行揭示，并阐明其知识的演变和未来发展过程的趋向。然而，目前出版的大多数教材既没进行揭示，更没有进行展望，以至于给人的印象是诸如"三大构成"知识是一开始就有的，从现代设计教育的摇篮——包豪斯确立以来，就是永恒不变的。

事实上，专业基础知识与专业知识之间，始终存在一个专业知识不断基础化的过程。当专业知识成熟、普及之后，就有基础化的可能。因此，对于基础知识而言，无论是概论性的，还是史论性的，对于日益庞大的知识体系，必须进行条理化。要接受那些普及化的专业知识，将其容纳到基础知识之中，否则，难免会造成专业知识与基础之间的脱节。现代科学技术的发展，对设计艺术专业知识的更新产生了巨大的推动作用，新知识产生和发展的结果，必然是专业知识基础化。

早在20世纪70年代，课程论专家约瑟夫·施布瓦（Joseph Schwab）就说过："课程领域已步入穷途末路，按照现行的方法和原则已不能继续运行，也无以增进教育的发展。现在需要适合于解决问题的新原理……新的观点……新的方法。"从那时至90年代，经过探索，国外初步形成了课程改革的基本思想——打破学科壁垒，按工程（专业）一体化的原则进行课程重组，实现课程跨学科综合、整合（统筹思想指导下的融合）或集成。在现代科技和国际经济联系迅猛发展的今天，我国的课程体系的重新构建也早已引起某些有识之士的注意，但却始终没有实质性的改革举措。个中原因：一方面，我国社会处于转型时期，尚无暇调整、改革这些深层次的问题；另一方面，社会对于设计艺术人才的需求尚未饱和、过剩，没有对这类人才提出特殊要求。此外，课程体系的改革作为一个系统工程，需要从上到下的通识和齐心协力才能开展，而设计艺术工作者向以标榜个性自居，协作精神多少有些淡薄。

在包括设计艺术教育课程体系的改革尚未自上而下、自下而上进行的情况下，在高等教育尚未进行超前的大刀阔斧式的改革举措之下，通过教材的建设去使课程内容与社会实际需要相结合，做到与时俱进，去对课程体系中存在的问题进行调适，我们有理由认为这是行之有效的好方法。特别是在当前各种教材、教科书，甚至所谓的专著泛滥的情况下，这样做尤有必要和具有承前启后的意义。正是鉴于此，由株洲工学院、浙江工业大学等院校倡议，由湖南大学出版社组织了全国近三十所院校设计艺术专业的专家、学者历时近两年编撰了这套教材。其目的主要在于通过这套教材的编撰发行，推进设计艺术学的健康发展。为了实现此目的，先后两次组织专家进行论证，确定教材的种类，试图建立一个符合时代发展和学科完善的教材体系，在反复推敲的基础上，确立了26种教材为设计艺术基础教材。从其种类来看，力图形成两个特点：一是突出设计艺术基础教育的全面系统性，把握设计艺术教育厚基础、宽口径的原则；二是充分顾及到高等设计艺术教育的时限与内容繁复的矛盾，试图通过对以往的一些教材进行整合，构建一套与当今人才培养条件和要求相适应的教材新体系。随后，在充分调研和协商的基础上，确定了每种教材的主编，并召开主编会议，认真研究了教材内容的取舍和它们之间的衔接问题。主编们一致认为本套教材内容必须秉承与时俱进的精神，努力确立符合课程自身要求而又能具有前瞻性的内容。因此，这套教材在内容上也就力图突出三个特色：鲜明的设计观——体现设计的现代特点和国际化趋势；强烈的时代感——最新的理念、最新的内容、最新的资料和实例；突出的实用性——体现设计专业的实用性特点，注重教学需要。

编撰教材并不是一件容易的事，特别是在今天这样一个知识、技术更新神速的时代，要把本学科范围内最优秀的成果教给学生，并且要讲究科学性，更是困难重重。因此，这套教材是否达到了预期的目标，我们自不敢说。我们真诚地希望这套教材问世以后，能够给高等学校的设计艺术教育带来一丝清风，同时也热诚欢迎广大同仁和学生批评指正。

朱和平　　周旭
2004年6月5日

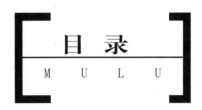

目录

1 欧文字体概述

1.1　为什么要讲欧文字体？／ 1

1.1.1　用语解说 ／ 2

1.1.2　文字的字幅变化 ／ 6

1.1.3　欧文字母各部构成名称 ／ 7

1.1.4　字体的历史 ／ 8

1.2　通用的经典字体 ／ 9

1.3　组版规矩 ／ 18

1.3.1　字体设计用语 ／ 18

1.3.2　意大利体的用法 ／ 19

1.3.3　欧文标点符号的正确使用 ／ 20

1.3.4　欧文数字体的正确使用 ／ 21

1.3.5　欧文与汉字混编时的规则和注意事项 ／ 22

1.4　typography 赏析 ／ 25

2 汉字字体的再认知

2.1　汉字字体的构造和分类 ／ 40

2.2　易读性的考量 ／ 40

2.2.1　组版方向 ／ 40

2.2.2　行长 ／ 40

2.2.3　字间距 ／ 41

2.2.4　行间距 ／ 41

2.3　组版字体选择 ／ 41

2.4　字体的认知——美丽的宋体 ／ 45

2.5　汉字排版赏析 ／ 51

3 版面设计的形式法则

3.1 现代平面设计风格形成的缘由 / 64

3.2 现代版式的形式——骨骼法 / 67

3.3 版式构成中的点、线、面 / 71

3.4 版式设计构成的分类 / 76

   3.4.1 分类 / 76

   3.4.2 对齐 / 79

   3.4.3 对比 / 82

   3.4.4 一致 / 85

3.5 版式设计的排版规则 / 88

   3.5.1 字首下沉 / 88

   3.5.2 灵活运用副标题、引言、小标题、注文、署名行 / 90

3.6 作业评析 / 93

   3.6.1 作业中的点、线、面及网络 / 93

   3.6.2 作业中的欧文 typography / 97

   3.6.3 作业中的色调 / 105

3.7 向优秀版式设计学习 / 111

后记

1 欧文字体概述

1.1 为什么要讲欧文字体？

什么是版式设计？从设计角度出发的所谓版式设计，就是在版面上，将有限的视觉元素进行有机的排列组合。在内容上将信息进行分类整理整合，形成易读性；在形式上形成具有个人风格和艺术特色的视觉传送方式，传达信息的同时，也产生视觉上的美感。大家知道，20世纪前叶，在纳粹势力的压迫下，当时欧洲很多的现代主义设计大师都躲避到了美国，他们将欧洲的现代主义和美国富裕的社会状况结合起来，形成了一种新的设计风格叫国际主义风格，到20世纪五六十年代发展成熟，在各个设计领域成为主导设计风格。平面设计也是如此。国际主义平面设计风格的特点是力图通过网络结构和近乎标准化的版面形式达到设计上的统一性，形成一种骨骼排版法：版面进行标准化分割，把照片、插图、字体按照划分的骨骼编排，取消装饰，采用朴素的无衬线装饰字体，非对称的排版形式。特点是高度功能化、标准化、系统化，利于国际化。我们现在使用的版式设计方法基本源于此。我们知道,版式设计来自欧美,我们已经抛弃了传统的排版方法(竖排，从右向左，现在只有日本还在沿用此方法排版)，采用国际惯例的排版方式，从左至右，从上到下。尤其在国际化趋势越来越明显的今天，设计中的国际化因素也变得越来越普遍，日本和韩国的平面设计需要使用欧文字体的案例也越来越多。所以对欧文字体的应用有所了解对于我们现在的平面设计师来讲是非常有必要的。

版式设计基本离不开文字，也就更离不开 typography。什么是 typography 呢？我们检索一下 typography，有印刷（术），印刷品，排字式样，印刷体裁等涵义。《世界大百科事典》关于 typography 的解释：印刷术以及它所涉及的印刷物。活字印刷发明以来，也就有了 typography 历史的开始。原始意义是指活版印刷技术以及其印刷品，包含近代以来平版印刷、凹版印刷、丝网印刷等在内的全部的印刷技术和其印刷品。又由于印刷主体以文字为主，印刷表现以文字表现为主，印刷技术的发展，铅活字、写植字、数字化字体等的不断变化发展，今天我们所说的 typography 一般是指印刷物文字体裁的艺术应用。几乎所有与印刷有关的体裁都需要版式设计。版式设计离不开文字，所以我们避开欧文字体谈版式设计难免有失偏颇，我们要从欧美的 typography 的表现里汲取养分，最终形成中国特色的 typography。

从以上各个方面我们基本可以理解了版式设计为什么要讲欧文字体的问题。

1.1.1 用语解说
（1）衬线体（图 1-1）

首先我们需要认识一下 typography 当中的常识性用语。欧文字体大致分为衬线体和非衬线体两种。衬线体指的是有衬线的字体（中文惯用名称为白体或宋体），没有衬线的称为无衬线体（中文惯称黑体）。无衬线字体在欧文中习惯称 Sans-serif，其中 Sans 为法语"无"的意思；西方习惯上把衬线体称为罗马体，无衬线体称为哥特体。

从传统印刷方式上来讲，大量文字印刷还是用衬线体，因为从阅读习惯以及易读性来讲衬线体更适合阅读。近代有了非衬线体后在平面设计上也应用较多，但多为标题或着重示意以及强调视觉效果时使用。

衬线体从风格上大致分为圆角衬线、发丝衬线、粗衬线风格（图 1-2）。

①圆角衬线（bracket serif）

圆角衬线是指衬线与主干之间以圆弧过渡。它的特征是：强调对角方向——字母最细的部分在斜对角的位置；粗细线条之间对比不强烈，易读性强。圆角衬线最接近手写体，这样增强了它的易读性。比如 Garamond 体、Centaur 体是典型的传统罗马体风格（图 1-3、图 1-4）。

在巴洛克后期（18 世纪中后期）出现了和传统旧体不同的风格，即从手写风格逐渐转化为活字风格，比如 O 的细部为垂直方向，代表字体如 Baskerville 体、Century 体（图 1-5）。巴洛克后期出现的这些字体也被称为过渡体，因为它们存在于旧体也就是传统罗马体和现代体之间。

②发丝衬线（hairline serif）（图 1-6）

发丝衬线出现在 18 世纪后期，粗细线条的反差得以强调，加重了竖画，而把衬线作得细长；而且字母的最细部不像旧体那

Garamond
Bodoni
Rockwell

图 1-1 从上至下为衬线体和非衬线体，红色部分为衬线的装饰部分

图 1-2 从左至右分别为圆角衬线、发丝衬线、粗衬线

图 1-4 圆角衬线体的代表字体之一的 Garamond 体

图 1-3 圆角衬线、发丝衬线、粗衬线的代表字体 Garamond 体、Bodoni 体和 Rockwell 体

样在对角方向，而是变为垂直方向。但大部分现代衬线体的易读性不及旧体，比如 Bodoni 体。发丝衬线有更精确的几何造型，主干与衬线部分的夹角的装饰性曲线被取消，有更强的现代感。

③**粗衬线体（slab serif）（图 1-7）**

粗衬线体出现于 19 世纪前叶，笔画粗细差距较小，而衬线相当粗大，几乎和竖画一样粗，而且通常弧度很小。这种字体外观粗大方正，各个字母通常是固定的水平宽度。因为字母本身的形状和无衬线体很类似，所以笔画的粗细几乎没有差别。具体包括 Clarendon 体、Rockwell 体和 Courier 体等。

图 1-5 过渡体的代表字体之一 Baskerville 体

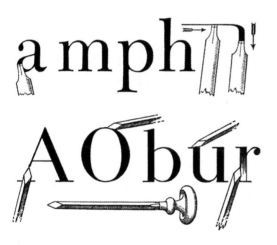

图 1-8 早期的书写工具（平头笔）以及凿刻工具的使用习惯

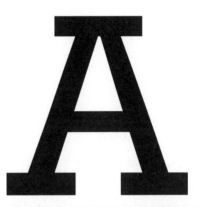

图 1-7 粗衬线体代表书体之一的 Rockwell 体

图 1-6 发丝衬线代表字体之一的 Bodoni（斜体）

（2）非衬线体

出现在19世纪前叶的非衬线体主要作为招牌用文字，之后用于海报和商业印刷等。进入20世纪设计师们设计出适用于各种场合使用的非衬线体，多用于标题。考虑到易读性而创新出的非衬线体扩大了适用范围，如阅读用字体等。非衬线体中文通常称为黑体，日文称为ゴシック（源于Gothic字体里的Gothic的音译）。中国大陆地区和港台地区称之为宋体，港台的繁体中文称之为明体，日文称明朝体(图1-9)。目前所谓的标准无衬线字体，如Helvetica（瑞士体） Arial体和Univers体（图1-12）等，都是最常见的无衬线体。其笔画笔直，字体宽度比变化不明显。在传统印刷中，衬线字体用于正文印刷，因为它比非衬线体更易于阅读，是比较正统的字体。非衬线体用于短文和标题等，能够起到提醒读者注意的作用。 人文主义体如Johnston、GillSans（图1-11）、Frutiger和Optima体，这些字体是无衬线字体中最具书法特色的、有更强烈的笔画粗细变化(与衬线体的粗细变化类似)的字体，具有易读性，更人性化，所以称为人文主义体。

Helvetica体，可以说是非衬线体中里程碑式的字体。非衬线体早在19世纪初已经出现，由字体铸造厂总监霍夫曼和瑞士设计师梅耶丁格于1957年设计完成，当时称为New Haas Grotesk体，后改名为Helvetica体，备受设计师推崇。其早期颇受争议，但最终成为非衬线体的代名词。从Helvetica体早期的设计中可以看出，无机质的纯几何形体慢慢转化为带有轻微粗细变化的手绘的自然属性，在非常现代的无机质感的外形下，细部处理却带有一丝不易察觉的温情。这也许就是它最受推崇的原因之一吧。Helvetica体出现在IBM、航空公司、丹麦铁路公司、英国天然气公司及电视、海报、橱窗，甚至是美国NASA空间站的字体使用上（图1-10）。

图1-9　上为"白体"，下为黑体

图1-11　GillSans体

图1-10　采用Helvetica字体的封面

图1-12　Univers体

在非衬线体当中有一些字体造型几何意味较强，如 Century Gothic、Futura、Gotham 体等。顾名思义，这些非衬线体基于几何形状，通过明确的直线和圆弧的对比来形成几何造型美感。从小写字母"a"的简单造型就可以看出，几何体拥有现代的外观和简洁的形式（图 1-13）。

（3）意大利体

在衬线和非衬线以外还有一些特征不同的字体——意大利体。我们也称为斜体字。经常将 oblique type 体和 Italic type 体（意大利体）两者都译作斜体，而 oblique type 又被称为伪斜体。Windows 系统里的文字处理软件如 Word,PPT 等，中文字可以选择斜体处理，当然，中、英文都可以处理成斜体，但是这种处理只是简单机械地沿对角方向变斜而已，称为伪斜体。而意大利体是针对倾斜而设计的字体。如图 1-14，左边是机械性倾斜的，右边是意大利体。大家注意左边的圆弧变形，上宽下窄，幅度也不相同。而右边的形态稳定，圆弧过渡自然，上下宽窄匀称（对比红色部分）。所以意大利体不是简单的倾斜，它是真正为早期书写习惯而专门设计的字体。我们再看一下图 1-15，

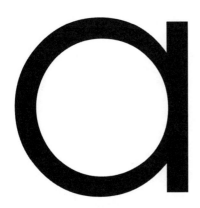

图 1-13　Century Gothic 体

图 1-14

从上至下是 Book Antiqua 字体的普通体、机械倾斜状态和意大利体。从中间的机械倾斜部分和下面的意大利体部分的 O 和 S 两个字母可比较明显地看出，意大利体整体平衡感强，字体间距适中，比例协调，稳定具有美感。而机械体则缺乏稳定感，字间间距紧张，小写体字体偏宽。意大利体有明显的手写风格，所以有连笔字的效果，其字幅明显变窄。从小写 a 可以看出机械变斜是由普通体变化而来，有明显活字体特征，而用意大利体体现手写风格，所以小写为 a。为什么会有斜体字呢？我们在以后的篇幅中会介绍斜体字的特殊用途。

图 1-15　普通体、机械倾斜状态和意大利体的区别

(4) 手写体 (script)

手写体也称为笔记体，顾名思义，就是连笔字。15 世纪前叶开始的铜版印刷就是用连笔字体，之后又出现了活字印刷用字体，现在有多种连笔字体 (图 1-16)。

(5) 黑信体 (blackletter)

黑信体是指中世纪在阿尔卑斯山脉北侧使用的一种字体，由于笔画粗黑味重，所以称为黑信体，20 世纪前叶德国的普通组版也会经常使用它 (图 1-17)。

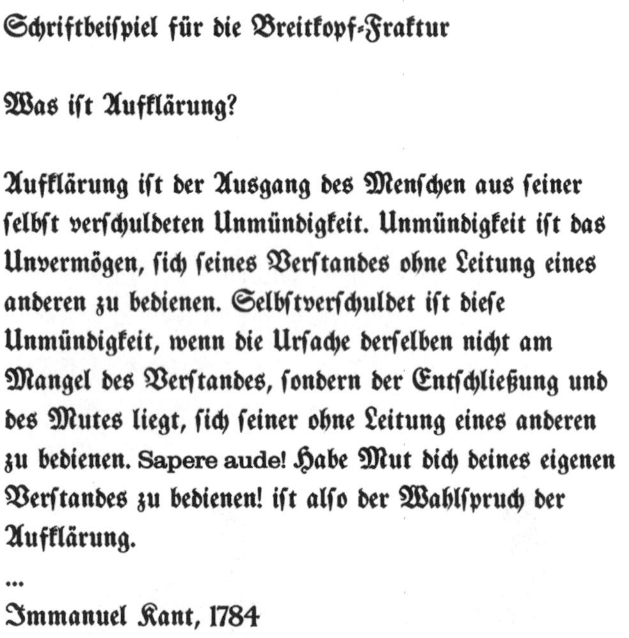

Schriftbeispiel für die Breitkopf-Fraktur

Was ist Aufklärung?

Aufklärung ist der Ausgang des Menschen aus seiner selbst verschuldeten Unmündigkeit. Unmündigkeit ist das Unvermögen, sich seines Verstandes ohne Leitung eines anderen zu bedienen. Selbstverschuldet ist diese Unmündigkeit, wenn die Ursache derselben nicht am Mangel des Verstandes, sondern der Entschließung und des Mutes liegt, sich seiner ohne Leitung eines anderen zu bedienen. Sapere aude! Habe Mut dich deines eigenen Verstandes zu bedienen! ist also der Wahlspruch der Aufklärung.

...

Immanuel Kant, 1784

图 1-17　德国组版使用的黑信体

图 1-16　Mistral 手写体

1.1.2 文字的字幅变化

欧文字体字幅宽度从窄到宽，笔画由细到粗，分类精细。日文字体也像欧文一样粗细变化较多，因为日文当中常用汉字有 1600 字左右，昭和之前更是达到 3000 字左右，所以日文字体的变化，我们可以借鉴的经验有很多。字体的粗细变化并非机械式地加粗减细那么简单，要考虑到字型不变情况下保持字体的视觉美感，所以加粗减细字体几乎等于重新造一款字体般耗时耗力 (图 1-18)。欧文字体也是如此，如图 1-19 所示，这是电脑中欧文字体选择时通常出现的画面，点中字体后右边会出现许多选项：字幅宽窄、笔画粗细等的设定。借用日本欧文字体设计师小林章先生的有关欧文字型变化一览表 (图 1-20) 来说明字型选择变化的种类。它是最全

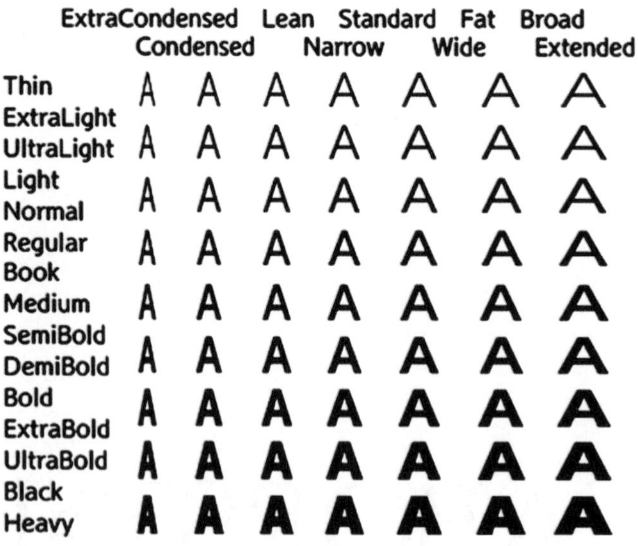

图 1-18　常用的笔画粗细变化的 Light, Normol, Regular, Bold, Black 等几种字型

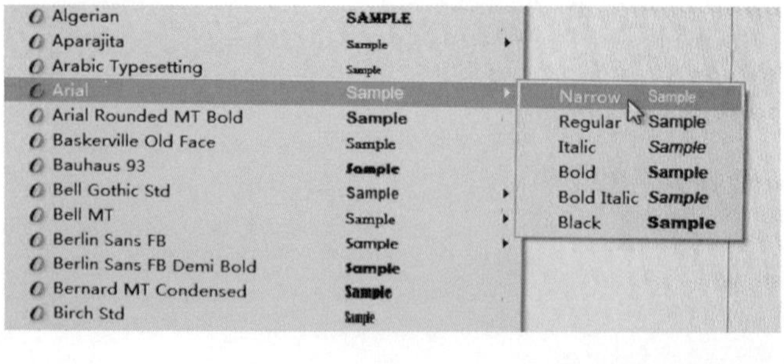

图 1-19　文字字幅的变化

面的字型变化表。Light 是大部分非衬线体都具备的字型，比它更细的是 Thin。Regular 相当于衬线体的标准字型，也就是最适合长文阅读用字型，其字幅、笔画粗细合适。而非衬线体的标准字型称为 Roman，它和衬线体都称为罗马体但不是一回事，大家要注意。它是为区分衬线体和非衬线体的标准字型的不同的叫法。其他字型时叫法都一样。Bold 是粗笔画字体，字型变粗显眼，所以作为说明文、题头字等着重使用的情况较多。以它为比较，依次变粗的是 Extra Bold、Heavy、Black。

图 1-20　从左上到右下字幅逐渐由最窄到最宽，笔画从最细到最粗，各种变化所使用的名称

1.1.3 欧文字母各部构成名称

欧文字母各部分有不同名称叫法，作为欧文字体常识我们掌握这些叫法还是有用处的（图 1-21）。

图 1-21　欧文字体各部名称

1.1.4 字体的历史

我们日常使用的欧文字体，基本上是指从15到20世纪活字印刷盛行以来，直到数字化字体（电脑用字体）出现所形成的各种各样的字体。其实最早使用的书体是黑信体，它传到欧洲各地，文艺复兴时期的罗马人——这些人文主义学者在研究古典文学以及《圣经》时想得到一种与时代精神相匹配、与自己的研究内容相适合的字体，所以才诞生了罗马体（衬线体）。大写字体由古罗马的碑文而来，也就是罗马图拉真圆柱上的铭文图1-22、图1-23)，也称为罗马体的典范。小写字体来自人文主义者所写的小写字，相当于中国的楷书。意大利体等书写体字也成为欧洲手写体的字源，相当于我们中国早期的行书和草书，从16世纪中叶开始才成为衬线体家族中的一种字型，但是早期却是一种独立的字体。

18世纪中叶开始，字体设计有了不同的创新和发展，18世纪后半叶，衬线部分变得极细，字体几何造型化的现代字体开始出现，代表字体有Bodoni体。

进入19世纪，受工业化生产的影响，字体也产生了巨大的变化。从书籍文本用的印刷字体开始，慢慢拓展到广告、海报等商业用途的字体，开始出现与罗马体完全不同的衬线粗大的粗衬线体和非衬线体等。

进入20世纪以后，随着平面设计师的出现，非衬线体等商业用书体受到设计师的推崇，与时代气氛相吻合的新书体也蓬勃发展起来。

到了今天，电脑的普及数字化字体变成主流，大部分经典字体都有数字化版本。输出时，并不需要他方也必须拥有同样的字体，而且同一字体可以拥有多种字型可以选择，对于设计师来讲这是非常方便的。尤其是Adobe公司把许多字体数字化，所以使用苹果系统的电脑在字体的选择方面有更多优势，极大限度内满足了设计者的需求（图1-24)。

图1-22 罗马图拉真圆柱

图1-23 图拉真圆柱上的字母B

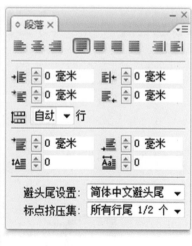

图1-24 苹果Indesign的界面。其对于字体选择、设定等都有非常实用的功能，适合设计师使用

1.2 通用的经典字体

(1) Centaur

Centaur 体具有文艺复兴时期的传统高雅气质，多用于历史或美术书籍的标题等（图 1-25）。从小写字母的 a 和 e 等都可以看出平头笔手写风格（见第 3 页图 1-8），大写字母 B 与罗马图拉真圆柱上的字母 B（图 1-23）有异曲同工之美，是传统罗马体的典范之作。但是作为长文阅读尤其是小字来讲，多少会显得易读性弱一些，笔画略显纤细，没有黑味略重一些的 Adobe Jenson Pro 体的小写方便易读，所以长文的话，Adobe Jenson Pro 体的小写可能会更适合一些。

图 1-25　Centaur 体

(2) Adobe Jenson Pro

Adobe Jenson Pro 体和 Centaur 体同样具有文艺复兴时期的高雅气质（图 1-26）。数字化以后，Jenson 体与 Centaur 体笔画的粗细对比更接近，所以其易读性更强一些。图 1-27 同样为 8 号字，Jenson 的笔画更清晰一些。

图 1-26　Adobe Jenson Pro 体

In typography … if the columns of a newspaper or magazine or the pages of a book can be read for many minutes at a time without strain or difficulty, then we can say the type has good readability. The term describes the quality of visual comfort – an important requirement in the comprehension of long stretches of text but, paradoxically, not so important in such things as telephone directories or air-line time-tables, where the reader is not reading continuously but searching for a single item of information. The difference in the two aspects of visual effectiveness is illustrated by the familiar argument on the suitability of sans-serif types for text setting.

In typography … if the columns of a newspaper or magazine or the pages of a book can be read for many minutes at a time without strain or difficulty, then we can say the type has good readability. The term describes the quality of visual comfort – an important requirement in the comprehension of long stretches of text but, paradoxically, not so important in such things as telephone directories or air-line time-tables, where the reader is not reading continuously but searching for a single item of information. The difference in the two aspects of visual effectiveness is illustrated by the familiar argument on the suitability of sans-serif types for text

图 1-27　从下面的 Adobe Jenson Pro 体和上面的 Centaur 体的对比可看出，Adobe Jenson Pro 体的字幅要略宽一点，同样的行文上面的结尾还空半行，而下面的满行还多一个字，这对阅读会有一定的影响，Adobe Jenson Pro 体整体略黑一些，这是由于其笔画略重。同样是 8 号字体，Adobe Jenson Pro 体易读性更好。

图 1-28　Garamond 体

(3) Garamond

Garamond 体是由 16 世纪法国活字铸造师设计并冠名的字体，是标准罗马体的代表性字体，有传统风格柔软的感觉（图 1-28、图 1-29）。它没有过分强调个性的地方，易读。作为书名、标题，以及文本用的各种场合都比较使用，有较广的适用性。从图 1-30 可以看出，Garamond 体和 Adobe Garamond Pro 体其整

图 1-29　Adobe Garamond Pro 体

In typography ... if the columns of a newspaper or magazine or the pages of a book can be read for many minutes at a time without strain or difficulty, then we can say the type has good readability. The term describes the quality of visual comfort – an important requirement in the comprehension of long stretches of text but, paradoxically, not so important in such things as telephone directories or air-line time-tables, where the reader is not reading continuously but searching for a single item of information. The difference in the two aspects of visual effectiveness is illustrated by the familiar argument on the suitability of sans-serif types for text setting.

In typography ... if the columns of a newspaper or magazine or the pages of a book can be read for many minutes at a time without strain or difficulty, then we can say the type has good readability. The term describes the quality of visual comfort – an important requirement in the comprehension of long stretches of text but, paradoxically, not so important in such things as telephone directories or air-line time-tables, where the reader is not reading continuously but searching for a single item of information. The difference in the two aspects of visual effectiveness is illustrated by the familiar argument on the suitability of sans-serif types for text setting.

图 1-30 上面是 Garamond 体，下面是 Adobe Garamond Pro 体

体外观都是相当接近，易读性也较接近，但是 Adobe Garamond Pro 体更重视活字效果，也就是重视印刷效果，字体很少会有极细的部分，强调大小写以及小号字的易读性。记得有一位字体设计大师说过一句话：一款好的字体并非是一眼看到就被惊呼美丽的字体，它应该是可以融入整体的版式气氛中并升华整体效果的。Garamond 体本身的大写字母 P、Q、W，小写字母 a、g、j 等是它与其他字母不同且具有特性的地方，如 P 的不封口，Q 的下伸部分，以及 W 的重叠等是它的特点。1989 年出品的 Adobe Garamond Pro 体从泛用性角度出发，修整了字幅宽度，整体更协调；对 R、T、Z、S 等的早期手工痕迹部分进行了一定的简化和整合，显得简洁、直接和更具有调和性。

（4）Caslon

Caslon 体为使用范围非常广的一种字体（图 1-31），在活字时代的人说：如果不知道组版用什么字体合适的话，那么就用 Caslon 体吧！美国的《独立宣言》就是用此款字体组版的。它是 18 世纪前叶以英国活字制造者的名字冠名的，其造型简洁且端正。Caslon 540 体（图 1-32）是基于 Caslon 活版字体开发出来用于标题等，1993 年 Adobe 出品的 Adobe Caslon Pro 更针对于文本印刷用。Caslon 体是一种硬质字体，端端正正骨感十足。Caslon 体的大写字母 E、F、Z 的衬线巨大骨感，Adobe Caslon Pro 体的大写 Q 有极有力度的下伸部分。以 Caslon 活字原型为基础衍生出许多形态各异的 Caslon 字体，此处就不一一介绍了。图 1-33 所示，Adobe Caslon Pro 体为文本用字体，比 Caslon 540 LT Std 体字幅略窄，字间距也小于 Caslon 540 LT Std 体，笔画粗细柔和。作为标题用字的 Caslon 540 LT Std 字间距顺应外观需要显宽。大写的 T 宽大大气。

ABCDEFGHIJKLMNO
PQRSTUVWXYZ
abcdefghijklmnpoqrstuvwxyz
1234567890

图 1-31 Adobe Caslon Pro 体

ABCDEFGHIJKLMNO
PQRSTUVWXYZ
abcdefghijklmnpoqrstuvwxyz
1234567890

图 1-32 Caslon 540 LT Std 体

In typography ... if the columns of a newspaper or magazine or the pages of a book can be read for many minutes at a time without strain or difficulty, then we can say the type has good readability. The term describes the quality of visual comfort – an important requirement in the comprehension of long stretches of text but, paradoxically, not so important in such things as telephone directories or air-line time-tables, where the reader is not reading continuously but searching for a single item of information. The difference in the two aspects of visual effectiveness is illustrated by the familiar argument on the suitability of sans-serif types for text setting.

In typography ... if the columns of a newspaper or magazine or the pages of a book can be read for many minutes at a time without strain or difficulty, then we can say the type has good readability. The term describes the quality of visual comfort – an important requirement in the comprehension of long stretches of text but, paradoxically, not so important in such things as telephone directories or air-line time-tables, where the reader is not reading continuously but searching for a single item of information. The difference in the two aspects of visual effectiveness is illustrated by the familiar argument on the suitability of sans-serif types for text setting.

图 1-33 上段为 Adobe Caslon Pro，下段为 Caslon 540 LT Std

(5) Baskerville

Baskerville 体是 18 世纪后半叶由英国的活字制造者 Baskerville 设计的字体，它传统、高贵，成为英国的代表性字体。Baskerville Old Face 体为标题等使用字体（图 1-34），ITC（字体制造公司）起头的 Baskerville 字体为文本用字体。从图 1-35 可以看出，Baskerville Old Face 体的小字组版显得略黑，由于是用于标题等着重表现时使用，其粗细变化较大，字小时细线的地方容易断线，显然不适合文本使用，易读性较差。

In typography ... if the columns of a newspaper or magazine or the pages of a book can be read for many minutes at a time without strain or difficulty, then we can say the type has good readability. The term describes the quality of visual comfort – an important requirement in the comprehension of long stretches of text but, paradoxically, not so important in such things as telephone directories or air-line time-tables, where the reader is not reading continuously but searching for a single item of information. The difference in the two aspects of visual effectiveness is illustrated by the familiar argument on the suitability of sans-serif types for text setting.

图 1-35　Baskerville Old Face 体

(6) Bodoni

Bodoni 体为代表性现代字体，由意大利活字制造者 Bodoni 于 19 世纪初期完成。如图 1-36～图 1-39 所示，Bodoni 字体粗细反差较大，是发丝衬线代表性字体，有非常洗练的字型，适合标题等着重表现时使用。近代以 Bodoni 的原型字为基础出现了许多 Bodoni 字体，ITC Bodoni 是众多 Bodoni 字体当中与原型字最接近的字体。

In typography ... if the columns of a newspaper or magazine or the pages of a book can be read for many minutes at a time without strain or difficulty, then we can say the type has good readability. The term describes the quality of visual comfort – an important requirement in the comprehension of long stretches of text but, paradoxically, not so important in such things as telephone directories or air-line time-tables, where the reader is not reading continuously but searching for a single item of information. The difference in the two aspects of visual effectiveness is illustrated by the familiar argument on the suitability of sans-serif types for text setting.

In typography ... if the columns of a newspaper or magazine or the pages of a book can be read for many minutes at a time without strain or difficulty, then we can say the type has good readability. The term describes the quality of visual comfort – an important requirement in the comprehension of long stretches of text but, paradoxically, not so important in such things as telephone directories or air-line time-tables, where the reader is not reading continuously but searching for a single item of information. The difference in the two aspects of visual effectiveness is illustrated by the familiar argument on the suitability of sans-serif types for text setting.

图 1-39　上段 Bodoni MT 体，下段 Bodoni Std 体。两款字体非常接近，Bodoni 的众多字体当中，这两款字体并没什么特殊的地方，字形也相当接近，只能从个别字母之间字间距调整中看出一点区别。放大若干倍看时，可以感到 Bodoni Std 体比 Bodoni MT 体黑味略微重一点，也就是 Bodoni Std 体略粗一点。它不适于作为文本字体，更适用于海报、标题字等。

ABCDEFGHIJKLMNO
PQRSTUVWXYZ
abcdefghijklmnopqrstuvwxyz
1234567890

图 1-34　Baskerville Old Face 体

ABCDEFGHIJKLMNO
PQRSTUVWXYZ
abcdefghijklmnopqrstuvwxyz
1234567890

图 1-36　Bodoni Std 体

ABCDEFGHIJKLMNO
PQRSTUVWXYZ
abcdefghijklmnopqrstuvwxyz
1234567890

图 1-37　Bodoni MT 体

ABCDEFGHIJKLMNO
PQRSTUVWXYZ
abcdefghijklmnopqrstuvwxyz
1234567890

图 1-38　Bodoni Std Poster 体

（7）Times Roman

　　Times Roman 体是用得最广泛的字体，原本是英国报纸 The Times 的专用字体，诞生于1932年。它字体偏小，匀称完整，略有黑味，小写非常适合长文。我们现在一般使用的是 Times New Roman 体。两者区别在于 Times Roman 的意大利体小写的 z 带有手写装饰性效果，而 Times New Roman 体小写 z 为直线形，参见图1-40、图1-41。图1-42 上段是普通体，下段是意大利体。从中可以看出 Times New Roman 体略黑，即使小字也极易阅读，适合长文使用。下段的 Times Roman Italic 体显得更流畅自然，黑味也没有 New Roman 体的重，适合散文、小说等较轻松的文体用字。

In typography ... if the columns of a newspaper or magazine or the pages of a book can be read for many minutes at a time without strain or difficulty, then we can say the type has good readability. The term describes the quality of visual comfort – an important requirement in the comprehension of long stretches of text but, paradoxically, not so important in such things as telephone directories or air-line time-tables, where the reader is not reading continuously but searching for a single item of information. The difference in the two aspects of visual effectiveness is illustrated by the familiar argument on the suitability of sans-serif types for text setting.

In typography ... if the columns of a newspaper or magazine or the pages of a book can be read for many minutes at a time without strain or difficulty, then we can say the type has good readability. The term describes the quality of visual comfort – an important requirement in the comprehension of long stretches of text but, paradoxically, not so important in such things as telephone directories or air-line time-tables, where the reader is not reading continuously but searching for a single item of information. The difference in the two aspects of visual effectiveness is illustrated by the familiar argument on the suitability of sans-serif types for text setting.

图 1-42

ABCDEFGHIJKLMNO
PQRSTUVWXYZ
abcdefghijklmnpoqrstuvwxyz
1234567890

*ABCDEFGHIJKLMNO
PQRSTUVWXYZ
abcdefghijklmnpoqrstuvwxyz
1234567890*

图 1-40　Times New Roman 体

abcdefghijklmnpoqrstuvwxyz

图 1-41　Times Roman Italic 体

（8）Copperplate

　　Copperplate 体为1901年美国的活字制造者所设计的字体，带有旧时铜版印刷时代的特征。文字特征是字的尖端有细小的衬线，这是由于铜版印刷时避免油墨集中在字的尖端影响印刷质量而形成的导流作用的装饰部分。Copperplate 体仿制了旧铜版印刷字体风格。Copperplate 体不分大小写，这也是它的特征之一（图1-43）。由于其独特表现的衬线部分，它具有有别于其他字体的特殊魅力，是一款具有高级感和可信赖感的人气较高的字体。图1-44 是 Copperplate Light 体的小写组版，从中可以看出 Copperplate 字体飘逸且独特，常用于名片中。

IN TYPOGRAPHY ... IF THE COLUMNS OF A NEWSPAPER OR MAGAZINE OR THE PAGES OF A BOOK CAN BE READ FOR MANY MINUTES AT A TIME WITHOUT STRAIN OR DIFFICULTY, THEN WE CAN SAY THE TYPE HAS GOOD READABILITY. THE TERM DESCRIBES THE QUALITY OF VISUAL COMFORT — AN IMPORTANT REQUIREMENT IN THE COMPREHENSION OF LONG STRETCHES OF TEXT BUT, PARADOXICALLY, NOT SO IMPORTANT IN SUCH THINGS AS TELEPHONE DIRECTORIES OR AIR-LINE TIME-TABLES, WHERE THE READER IS NOT READING CONTINUOUSLY BUT SEARCHING FOR A SINGLE ITEM OF INFORMATION. THE DIFFERENCE IN THE TWO

图 1-44　Copperplate Light 体

ABCDEFGHIJKLMNO
PQRSTUVWXYZ
ABCDEFGHIJKLMNPOQ
RSTUVWXYZ
1234567890

**ABCDEFGHIJKLMNO
PQRSTUVWXYZ
ABCDEFGHIJKLMNPOQ
RSTUVWXYZ
1234567890**

图 1-43　Copperplate Light 体和 Copperplate Bold 体

(9) Palatino

  Palatino 体是常用的一款字体，由精通艺术体的设计师设计完成，字体带有特定艺术体痕迹。字体整体为古典风格、骨感，但是也具有现代感，适于书籍、杂志使用。意大利体字型优美，适合化妆品、高级品牌、广告等应用。图 1-45 上下分别为 Palatino Linotyp 和 Palatino Linotyp Italic 字体（Linotyp 为发行字体的著名公司）。意大利体的大写字母 Q 和 Y 都非常有特色，形态优美。图 1-46 是小写的普通体和意大利体，易读性强，文字组版流畅，尤其是意大利体，优美高贵，有明显手写风格。

ABCDEFGHIJKLMNO
PQRSTUVWXYZ
abcdefghijklmnpoqrstuvwxyz
1234567890

ABCDEFGHIJKLMNO
PQRSTUVWXYZ
abcdefghijklmnpoqrstuvwxyz
1234567890

图 1-45　上边为 Palatino Linotyp 体、　下面为 Palatino Linotyp Italic 体

In typography ... if the columns of a newspaper or magazine or the pages of a book can be read for many minutes at a time without strain or difficulty, then we can say the type has good readability. The term describes the quality of visual comfort – an important requirement in the comprehension of long stretches of text but, paradoxically, not so important in such things as telephone directories or air-line time-tables, where the reader is not reading continuously but searching for a single item of information. The difference in the two aspects of visual effectiveness is illustrated by the familiar argument on the suitability of sans-serif types for text setting.

In typography ... if the columns of a newspaper or magazine or the pages of a book can be read for many minutes at a time without strain or difficulty, then we can say the type has good readability. The term describes the quality of visual comfort – an important requirement in the comprehension of long stretches of text but, paradoxically, not so important in such things as telephone directories or air-line time-tables, where the reader is not reading continuously but searching for a single item of information. The difference in the two aspects of visual effectiveness is illustrated by the familiar argument on the suitability of sans-serif types for text setting.

图 1-46　上段为 Palatino Linotyp 体、　下段为 Palatino Linotyp Italic 体

(10) Trump Mediaeval

  Trump Mediaeval 体设计于 1950 年，简洁、明快，易读性强，适合文本、标题，通用性较强。有文艺复兴时期的风骨，作为标题使用有较强现代感（图 1-47）。图 1-48 是 Trump Mediaeval 体和 Trump Mediaeval Italic 体的小写对比，非常易读，尤其是意大利体，字母略宽，行文饱满，长时间阅读也不感到疲劳，实用性强。

ABCDEFGHIJKLMNO
PQRSTUVWXYZ
abcdefghijklmnpoqrstuvwxyz
1234567890

ABCDEFGHIJKLMNO
PQRSTUVWXYZ
abcdefghijklmnpoqrstuvwxyz
1234567890

图 1-47　上边为 Trump Mediaeval 体、　下面为 Trump Mediaeval Italic 体

In typography ... if the columns of a newspaper or magazine or the pages of a book can be read for many minutes at a time without strain or difficulty, then we can say the type has good readability. The term describes the quality of visual comfort – an important requirement in the comprehension of long stretches of text but, paradoxically, not so important in such things as telephone directories or air-line time-tables, where the reader is not reading continuously but searching for a single item of information. The difference in the two aspects of visual effectiveness is illustrated by the familiar argument on the suitability of sans-serif types for text setting.

In typography ... if the columns of a newspaper or magazine or the pages of a book can be read for many minutes at a time without strain or difficulty, then we can say the type has good readability. The term describes the quality of visual comfort – an important requirement in the comprehension of long stretches of text but, paradoxically, not so important in such things as telephone directories or air-line time-tables, where the reader is not reading continuously but searching for a single item of information. The difference in the two aspects of visual effectiveness is illustrated by the familiar argument on the suitability of sans-serif types for text setting.

图 1-48　上下分别为 Trump Mediaeval 体、　Trump Mediaeval Italic 体

(11) Sabon

Sabon 体是参考 Garamond 体设计的书体，产生于 1960 年左右。非常洗练，为古典风格字体的重新演绎，非常易读，适合文本使用。意大利体的小写体手写风格更明确。图 1-49 上段为 Garamond 体，下段为 Sabon 体。从图中我们可以看出 Sabon 体比 Garamond 体黑味更重一点，这样易读性也就更强。整体来看，Sabon 体的确比 Garamond 体更洗练，笔画粗细适中便于阅读 (图 1-50)。

In typography ... if the columns of a newspaper or magazine or the pages of a book can be read for many minutes at a time without strain or difficulty, then we can say the type has good readability. The term describes the quality of visual comfort – an important requirement in the comprehension of long stretches of text but, paradoxically, not so important in such things as telephone directories or air-line time-tables, where the reader is not reading continuously but searching for a single item of information. The difference in the two aspects of visual effectiveness is illustrated by the familiar argument on the suitability of sans-serif types for text setting.

In typography ... if the columns of a newspaper or magazine or the pages of a book can be read for many minutes at a time without strain or difficulty, then we can say the type has good readability. The term describes the quality of visual comfort – an important requirement in the comprehension of long stretches of text but, paradoxically, not so important in such things as telephone directories or air-line time-tables, where the reader is not reading continuously but searching for a single item of information. The difference in the two aspects of visual effectiveness is illustrated by the familiar argument on the suitability of sans-serif types for text setting.

图 1-49　上段为 Garamond 体，　下段为 Sabon Lt Std 体

(12) Minino

Minino 体为 1990 年出品的字体，参照文艺复兴时期字体风格形成的泛用性字体，它的正体和斜体都程度适中地引入艺术体手写风格要素，与诗和历史题材内容相适应，没有过分个性化，是一种运用非常广泛的字体。图 1-51、图 1-52 上段为 Minino 体，下段为 Minino Italic 体，为易读性较高的一款字体。如果大写的 T 和小写的 h 在一起时，它们的顶端会连在一起，T 和 h 以外的其他小写字母均无此问题。这也许是它的另一种特色吧。

In typography ... if the columns of a newspaper or magazine or the pages of a book can be read for many minutes at a time without strain or difficulty, then we can say the type has good readability. The term describes the quality of visual comfort – an important requirement in the comprehension of long stretches of text but, paradoxically, not so important in such things as telephone directories or air-line time-tables, where the reader is not reading continuously but searching for a single item of information. The difference in the two aspects of visual effectiveness is illustrated by the familiar argument on the suitability of sans-serif types for text setting.

In typography ... if the columns of a newspaper or magazine or the pages of a book can be read for many minutes at a time without strain or difficulty, then we can say the type has good readability. The term describes the quality of visual comfort – an important requirement in the comprehension of long stretches of text but, paradoxically, not so important in such things as telephone directories or air-line time-tables, where the reader is not reading continuously but searching for a single item of information. The difference in the two aspects of visual effectiveness is illustrated by the familiar argument on the suitability of sans-serif types for text setting.

图 1-51　上为 Minino 体，　下为 Minino Italic 体

ABCDEFGHIJKLMNO
PQRSTUVWXYZ
abcdefghijklmnopqrstuvwxyz
1234567890

ABCDEFGHIJKLMNO
PQRSTUVWXYZ
abcdefghijklmnopqrstuvwxyz
1234567890

图 1-50　Sabon Lt Std 体的普通体（上）和意大利体（下）

ABCDEFGHIJKLMNO
PQRSTUVWXYZ
abcdefghijklmnopqrstuvwxyz
1234567890

ABCDEFGHIJKLMNO
PQRSTUVWXYZ
abcdefghijklmnopqrstuvwxyz
1234567890

图 1-52　Minino Pro 体（上）和 Minino Pro Italic 体（下）

ABCDEFGHIJKLMNO
PQRSTUVWXYZ
abcdefghijklmnopqrstuvwxyz
1234567890

图 1-53 Franklin Gothic Medium, Medium 比普通体的笔画粗一级

ABCDEFGHIJKLMNO
PQRSTUVWXYZ
abcdefghijklmnopqrstuvwxyz
1234567890

图 1-54 Franklin Gothic Heavy, Heavy 比普通体的笔画粗三级

ABCDEFGHIJKLMNO
PQRSTUVWXYZ
abcdefghijklmnopqrstuvwxyz
1234567890

ABCDEFGHIJKLMNO
PQRSTUVWXYZ
abcdefghijklmnopqrstuvwxyz
1234567890

图 1-56 Optima LT Std 的普通体（上） 和意大利体 （下）

（13）Franklin Gothic

Franklin Gothic 体为硬质的男人气十足的字体，是适合表现有力度的文字内容的字体，小写字母 g 而非 g，这是它的特色。作为非衬线体，其笔画粗壮（图 1-53～图 1-55），当然从易读及印刷角度考虑，笔画简洁是它的最大特色。

In typography … if the columns of a newspaper or magazine or the pages of a book can be read for many minutes at a time without strain or difficulty, then we can say the type has good readability. The term describes the quality of visual comfort – an important requirement in the comprehension of long stretches of text but, paradoxically, not so important in such things as telephone directories or air-line time-tables, where the reader is not reading continuously but searching for a single item of information. The difference in the two aspects of visual effectiveness is illustrated by the familiar argument on the suitability of sans-serif types for text setting.

In typography … if the columns of a newspaper or magazine or the pages of a book can be read for many minutes at a time without strain or difficulty, then we can say the type has good readability. The term describes the quality of visual comfort – an important requirement in the comprehension of long stretches of text but, paradoxically, not so important in such things as telephone directories or air-line time-tables, where the reader is not reading continuously but searching for a single item of information. The difference in the two aspects of visual effectiveness is illustrated by the familiar argument on the suitability of sans-serif types for text setting.

图 1-55 下段 Franklin Gothic Heavy, 上段 Franklin Gothic Medium

（14）Optima

Optima 体被称为优美的非衬线体中为数不多的一款字体，其气质优雅，是借鉴了意大利的古代碑文（衬线体）而创作的。作为非衬线体，它也有细致的粗细变化，大写字母 C、G、S 等衬线痕迹若隐若现，所以从形态来讲似乎接近中性。经过50年的历程，它仍然是人气旺盛的一款字体。适用于标题以及短文用字，有一定易读性（图 1-56、图 1-57）。

In typography … if the columns of a newspaper or magazine or the pages of a book can be read for many minutes at a time without strain or difficulty, then we can say the type has good readability. The term describes the quality of visual comfort – an important requirement in the comprehension of long stretches of text but, paradoxically, not so important in such things as telephone directories or air-line time-tables, where the reader is not reading continuously but searching for a single item of information. The difference in the two aspects of visual effectiveness is illustrated by the familiar argument on the suitability of sans-serif types for text setting.

In typography … if the columns of a newspaper or magazine or the pages of a book can be read for many minutes at a time without strain or difficulty, then we can say the type has good readability. The term describes the quality of visual comfort – an important requirement in the comprehension of long stretches of text but, paradoxically, not so important in such things as telephone directories or air-line time-tables, where the reader is not reading continuously but searching for a single item of information. The difference in the two aspects of visual effectiveness is illustrated by the familiar argument on the suitability of sans-serif types for text setting.

图 1-57 上段为 Optima LT Std 的普通体， 下段为意大利体

(15) Gill Sans

1928 年诞生的 Gill Sans 体，由英国的碑文雕刻家吉尔创作并以其名命名（图 1-58），该字体是重点为易读性而开发的字体，用于文本和标题都是很适合的。小写字母 a、g 保留了传统字体特征。字体有碑文式的端正感觉，大气骨感，但是小写却有独特的柔软的一面（图 1-59）。

In typography ... if the columns of a newspaper or magazine or the pages of a book can be read for many minutes at a time without strain or difficulty, then we can say the type has good readability. The term describes the quality of visual comfort – an important requirement in the comprehension of long stretches of text but, paradoxically, not so important in such things as telephone directories or air-line time-tables, where the reader is not reading continuously but searching for a single item of information. The difference in the two aspects of visual effectiveness is illustrated by the familiar argument on the suitability of sans-serif types for text setting.

In typography ... if the columns of a newspaper or magazine or the pages of a book can be read for many minutes at a time without strain or difficulty, then we can say the type has good readability. The term describes the quality of visual comfort – an important requirement in the comprehension of long stretches of text but, paradoxically, not so important in such things as telephone directories or air-line time-tables, where the reader is not reading continuously but searching for a single item of information. The difference in the two aspects of visual effectiveness is illustrated by the familiar argument on the suitability of sans-serif types for text setting.

图 1-59　Gill Sans MT 的普通体和意大利体的对比

(16) Futura

1927 年德国字体艺术家鲍尔所创的 Futura 体，据说是受罗马碑文的影响，作者将罗马碑文和其几何造型思想相结合，重新诠释了罗马体。字体由严谨几何造型而来，充满现代气息。Futura 本身是拉丁语"未来"的意思，原本是为招牌而设计的字体，但作者将形式美感和文字组版完美结合。这对其后的非衬线体也产生了深远影响。其字幅略窄，大写字体偏于古典的骨骼美。从图 1-60 可以看出，Futura 体用于文本也是比较易读的，识别性较高。但终究是非衬线体，长文阅读还是有点吃力，因此适合广告等短文使用（图 1-61）。

In typography ... if the columns of a newspaper or magazine or the pages of a book can be read for many minutes at a time without strain or difficulty, then we can say the type has good readability. The term describes the quality of visual comfort – an important requirement in the comprehension of long stretches of text but, paradoxically, not so important in such things as telephone directories or air-line time-tables, where the reader is not reading continuously but searching for a single item of information. The difference in the two aspects of visual effectiveness is illustrated by the familiar argument on the suitability of sans-serif types for text setting.

In typography ... if the columns of a newspaper or magazine or the pages of a book can be read for many minutes at a time without strain or difficulty, then we can say the type has good readability. The term describes the quality of visual comfort – an important requirement in the comprehension of long stretches of text but, paradoxically, not so important in such things as telephone directories or air-line time-tables, where the reader is not reading continuously but searching for a single item of information. The difference in the two aspects of visual effectiveness is illustrated by the familiar argument on the suitability of sans-serif types for text setting.

图 1-60　Futura Light（上）和 Futura Book Obliqu（下）

ABCDEFGHIJKLMNO
PQRSTUVWXYZ
abcdefghijklmnopqrstuvwxyz
1234567890

*ABCDEFGHIJKLMNO
PQRSTUVWXYZ
abcdefghijklmnopqrstuvwxyz
1234567890*

图 1-58　Gill Sans MT 的普通体和意大利体

ABCDEFGHIJKLMNO
PQRSTUVWXYZ
abcdefghijklmnopqrstuvwxyz
1234567890

ABCDEFGHIJKLMNO
PQRSTUVWXYZ
abcdefghijklmnopqrstuvwxyz
1234567890

ABCDEFGHIJKLMNO
PQRSTUVWXYZ
abcdefghijklmnopqrstuvwxyz
1234567890

图 1-61　从上往下依次为 Futura Light，Futura Medium，Futura Book Obliqu，同一款字体不同的粗细变化

(17) Helvetica

1957 年诞生的 Helvetica 体，可是说是非衬线体里使用率最高的字体了。大写字母的 G、R、K 是它与其他字体不同的特征。小写的 k、t、y 也有别于其他字体（图 1-62）。可是说它是最广泛运用的非衬线体，它的特征是没有特征，也就是说非常直白的字体。但构成均衡，百看不厌，粗壮但不失分寸。作为标题字、品牌名称用字、广告用字、宣传用字、导向用字等，各种各样的场合都可以看到 Helvetica 体的身影。图 1-63 从上往下为 Helvetica Roman, Helvetica Oblique, 从中我们可以看出 Oblique 是伪斜体，所以 Helvetica Oblique 的个别字的字间距有些不均衡，看起来没有 Helvetica Roman 自然紧凑。

In typography ... if the columns of a newspaper or magazine or the pages of a book can be read for many minutes at a time without strain or difficulty, then we can say the type has good readability. The term describes the quality of visual comfort – an important requirement in the comprehension of long stretches of text but, paradoxically, not so important in such things as telephone directories or air-line time-tables, where the reader is not reading continuously but searching for a single item of information. The difference in the two aspects of visual effectiveness is illustrated by the familiar argument on the suitability of sans-serif types for text setting.

In typography ... if the columns of a newspaper or magazine or the pages of a book can be read for many minutes at a time without strain or difficulty, then we can say the type has good readability. The term describes the quality of visual comfort – an important requirement in the comprehension of long stretches of text but, paradoxically, not so important in such things as telephone directories or air-line time-tables, where the reader is not reading continuously but searching for a single item of information. The difference in the two aspects of visual effectiveness is illustrated by the familiar argument on the suitability of sans-serif types for text setting.

图 1-63 从上往下依次为 Helvetica Roman,　Helvetica Oblique

(18) Univers

1957 年诞生的 Univers 体，比 Helvetica 体更洗练，设计时间超过三年，全 21 种字型一次完成，它从一开始就考虑字体今后的展开，一次性把字型补足，不像其他字体出世以后根据使用情况追加字型。由于是追加的字体，设计师以及制造者不是同一家，因此会产生统一感欠缺的问题。而 Univers 体一次完成全套字型，一问世就大受好评。设计之初就从易读性角度出发，有很好的易读性，几乎颠覆了非衬线体不适合长文组版的固有观念。大写字母 G、K、Q 是它的特点，是一款具有机能性、易读性的字体（图 1-64）。图 1-65 是小写体，体现了它的易读性。

In typography ... if the columns of a newspaper or magazine or the pages of a book can be read for many minutes at a time without strain or difficulty, then we can say the type has good readability. The term describes the quality of visual comfort – an important requirement in the comprehension of long stretches of text but, paradoxically, not so important in such things as telephone directories or air-line time-tables, where the reader is not reading continuously but searching for a single item of information. The difference in the two aspects of visual effectiveness is illustrated by the familiar argument on the suitability of sans-serif types for text

图 1-65 从上往下依次为 Helvetica Roman,　Helvetica Oblique

图 1-62 从上往下依次为 Helvetica Roman,　Helvetica Bold, Helvetica Black

图 1-64 从上往下依次为 Univers Light,　Univers Roman, Univers Bold

（19）Frutiger

作为机场的导向用字开发而成的 Frutiger 体，同样也是以设计师的名字冠名的。对于一般非衬线体而言，Frutiger 体带有一丝有机质的情感，它是追求非衬线体可能性的一款划时代的作品，明快清新（图1-66）。它的大写的 C、S 开口部分削减，使得字幅瘦身可以紧凑组版，图1-67可以看出组版效果。

In typography ... if the columns of a newspaper or magazine or the pages of a book can be read for many minutes at a time without strain or difficulty, then we can say the type has good readability. The term describes the quality of visual comfort – an important requirement in the comprehension of long stretches of text but, paradoxically, not so important in such things as telephone directories or air-line time-tables, where the reader is not reading continuously but searching for a single item of information. The difference in the two aspects of visual effectiveness is illustrated by the familiar argument on the suitability of sans-serif types for text

In typography ... if the columns of a newspaper or magazine or the pages of a book can be read for many minutes at a time without strain or difficulty, then we can say the type has good readability. The term describes the quality of visual comfort – an important requirement in the comprehension of long stretches of text but, paradoxically, not so important in such things as telephone directories or air-line time-tables, where the reader is not reading continuously but searching for a single item of information. The difference in the two aspects of visual effectiveness is illustrated by the familiar argument on the suitability of sans-serif types for text

图 1-67　上为 Frutiger Ltd Roman 体，下为 Frutiger Ltd Italic 体

1.3 组版规矩

1.3.1 字体设计用语

①主干（stem）：

图 1-68-a 所示，字体组成的根杆部分，大部分指直线部分。

②碗（bowl）：

图 1-68-b 所示，一般指字母构成的曲线部分，比如 C、G 等有曲线的，开口部分为碗状。

③内腔（counter）：

图 1-68-c 所示，指字母笔画所包含的空间部分。

④发线（hairline）：

图 1-68-d 所示，字母形成的最细部。

⑤衬线（serif）：

图 1-68-e 所示，笔画转折、尖端的装饰角。

⑥手写装饰（swash）：

图 1-68-f 所示，手写时代作为开头和结尾时对于剩余空间进行的一种装饰性填满。现代电脑用字也有相应的字体。

ABCDEFGHIJKLMNO
PQRSTUVWXYZ
abcdefghijklmnopqrstuvwxyz
1234567890

ABCDEFGHIJKLMNO
PQRSTUVWXYZ
abcdefghijklmnopqrstuvwxyz
1234567890

图 1-66　上为 Frutiger Ltd Roman 体，下为 Frutiger Ltd Italic 体

B d H h　a

C G d o　b

O H c n　c

E F L　d

A A A　e

The Soandso Company
New York
1930　f

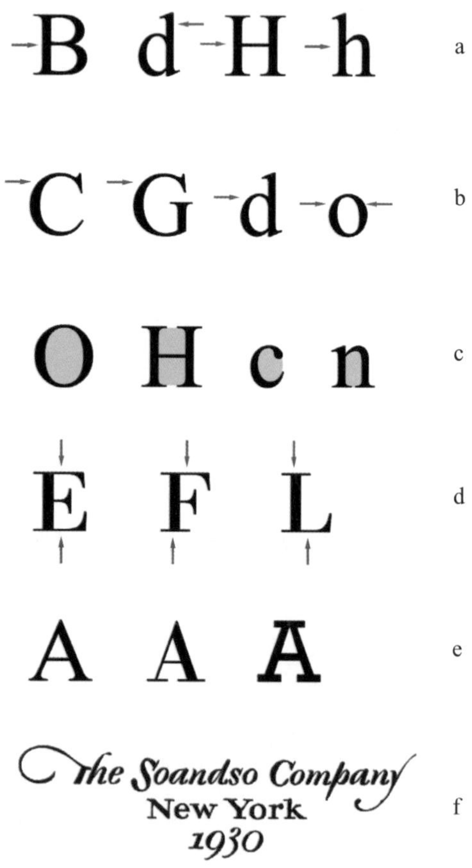

图 1-68　字体设计用语

1.3.2 意大利体的用法

意大利体是纷繁复杂、数字庞大的字体家族中的一员,如果没有意大利体,那么英文的组版会产生缺陷,所以意大利体是不可代替的一种字体。它的作用有:

①表示强调,唤起注意,为书籍名称、文章标题、船舶名称等着重表示时使用。

②表示引用。

③表示外来语,如英文文章中夹杂西班牙文等,当字体没有斜体时可以考虑使用伪斜体代替。

下面举几个正反例来说明一下(图1-69):

(1) This is a well-known "ZHONG GUO HONG" color

(2) This is a well-known *zhong guo hong* color

(3) You did not read *it*, really?

(4) You did not read *The Times*

图 1-69　意大利体的用法

第①句中,通常我们在强调某句话或某个单词或词组时喜欢用大写加引号的方式,行文产生错落的段差很影响整体的视觉流畅性。

第②句中,利用意大利体的强调作用,而且文本看起来舒服美观,组版流畅。意大利体有强调作用,也有外来语的注释作用,所以用意大利体表示可起到一箭双雕的作用。

第③句中,意大利体有对单词的强调作用,如例句显示的样子。

第④句中,意大利体对于报纸、船舶名称、绘画的题名、戏剧名称等可起到提示作用。

前面已讲过伪斜体,如果使用意大利体,电脑字库里又没意大利体的时候,可以考虑用伪斜体。其实像非衬线体里的伪斜体 Oblique 也是经过一定的调整,并非完全机械式变斜。

1.3.3 欧文标点符号的正确使用

日本欧文字体设计师小林章先生在他的著作中提到，欧文字体排版中不能使用引号""（日语中的引号），作为平面设计师在欧文排版中使用这种引号被称为失职，所以在 typography 领域的国际设计比赛中参赛作品排版时使用引号""等于自行取消了自己的资格。欧美把这种引号称为傻子引号。我们中国基本使用国际惯例的标点符号，引号（""和''）是可行的。

对于连字符（–）的使用，我们也要注意。欧文排版时由于我们很多人对欧文不熟悉，所以随意使用连字符回行就把文字的阅读流畅感给打断了。图 1-70 里英文只是个别使用连字符回行而已，整体就显得松散。适当使用连字符可以避免左右不对齐的问题，其实像杂志、报纸由于版面限制左右对齐已是必需，所以在回行处连字符使用较多也是不可避免的事情。在大部分 Adobe 的软件里，回行、对齐的设定还是比较人性化而不会过于生硬。

In typography … if the columns of a newspaper or magazine or the pages of a book can be read for many minutes at a time without strain or difficulty, then we can say the type has good readability. The term describes the quality of visual comfort—an important requirement in the comprehension of long stretches of text but, paradoxically, not so important in such things as directories or air-line time-tables, where the reader is not reading continuously but searching for a single item of information. The difference in the two aspects of visual effectiveness is illustrated by the familiar argument on the suitability of sans-serif types for text setting.

图 1-70

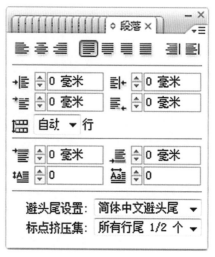

图 1-72

图 1-71 对字符、段落有所调整，效果是不是好很多呢？这就是 Indesign（图 1-72、图 1-73）中所形成的组版效果和设定：没有出现一个连字符，软件自动安排了所有空间。

In typography … if the columns of a newspaper or magazine or the pages of a book can be read for many minutes at a time without strain or difficulty, then we can say the type has good readability. The term describes the quality of visual comfort – an important requirement in the comprehension of long stretches of text but, paradoxically, not so important in such things as telephone directories or air-line time-tables, where the reader is not reading continuously but searching for a single item of information. The difference in the two aspects of visual effectiveness is illustrated by the familiar argument on the suitability of sans-serif types for text setting.

图 1-71

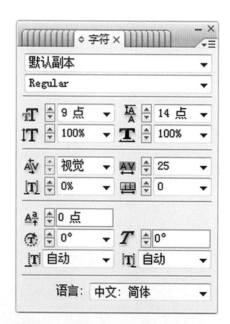

图 1-73

ABCDEFGHIJKLMNO
PQRSTUVWXYZ
abcdefghijklmnpoqrstuvwxyz
1234567890

ABCDEFGHIJKLMNO
PQRSTUVWXYZ
abcdefghijklmnpoqrstuvwxyz
1234567890

ABCDEFGHIJKLMNO
PQRSTUVWXYZ
abcdefghijklmnpoqrstuvwxyz
1234567890

图 1-75 Old Style Figures 体， 从上往下依次为 Old Style 7 Italic OldStyle Figures 体、Tiasco OldStyle SSi Italic 体、 Garamond 3 Bold Italic 体

1.3.4 欧文数字体的正确使用

日本知名欧文字体设计师小林章先生在著作中提到欧文数字体的使用方法：为使长篇文字小写时连贯的韵律不被破坏，数字也针对小写字母的韵律有专用字体。文本中出现年份等数字时，数字也会像小写字体一样出现顶天和下伸的表现，这都是为了呼应小写字排版的视觉流畅性而为。如英文数字混编：In 1965 he bought the car, in 1972 he again sold his car. 在通常的情况下数字搭配会显得突兀，数字似乎不合群。而下面的数字混编：In 1965 he bought the car, in 1972 he again sold his car. 数字在字行间非常自然流畅且美观。小林章先生告诉我们，专门的数字体书体为 Oldstyle Figures 体，有些在字体的家族中出现。有些不是专门的数字体可也带有数字体的特征，比如图 1-74 的 Candara 体。我们可以耐心地从电脑字库里找找，就有可能找到替代 Oldstyle Figures 体的字体（图 1-75 ～图 1-76）。

In 1965 he bought the car in 1972, he again sold his car

图 1-74 Candara 普通体

还有一些对数字使用有要求的，比如新闻、报纸、说明书等需要数字表示数据的时候就需要用普通的数字来表示。一般的欧文字体，数字和字母的基线基本一致。但是有些字体的大写比数字要高一些，如图 1-77 所示，上段的是 Bodoni 体的字母和数字的对比，下段是 Helvetica 体的对比，很容易看出来数字比字母要低一些，尤其我们在大标题等醒目的场合使用数字、字母时，适当调整数字的高度还是有必要的，这也是设计者不能忽视的问题。如图 1-78 那样，在 60P 字大小时，把数字的高度提高到 103% 时基本上可以做到整齐，视觉效果也舒服（图 1-78）。所以在使用欧文字体排版的过程中对于细节的关注是一个设计师的素质表现。

图 1-76

F7E7

F7E7

F7E7

F7E7

图 1-78   图 1-77

1.3.5 欧文与汉字混编时的规则和注意事项

（1）欧文与汉字的基线不同

欧文与汉字混编这种情况时常会发生，比如写文案或编书稿时会遇到外来语或外国人名等。为了准确，一般情况下我们会把外来语或人名等在后面加注英文，这样就产生了混编的问题。如图 1-79 所示，在没有任何设定的情况下欧文与汉字的位置不在一条基线上，欧文的基线靠下。这是由于欧文有大小写之分，与汉字的基线是不同的，从而造成英文与中文排列不齐。我们在 Indesign 的复合字体选项里对英文进行调整，也就是把基线调高 7%（图 1-81），基线提高后，英文的基线与汉字的基线基本合拍了，就有了图 1-80 的效果，看着也就舒服了。当然这种调整纯粹从视觉目测角度出发，并没有具体规定，看着舒服就行。

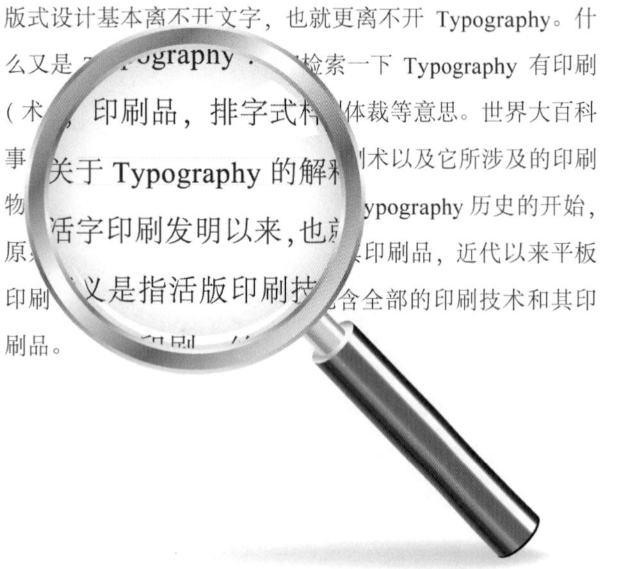

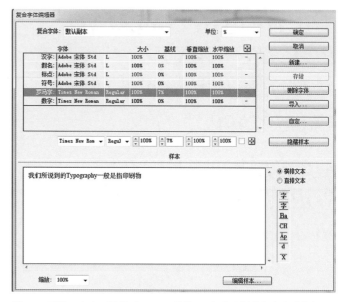

图 1-81 无论 Indesign 还是 Illustrator 软件，都有这样的复合字体编辑器

图 1-79

图 1-80

（2）汉字欧文混排使用不同字体

　　欧文与汉字混排时还要注意一点，即汉字和欧文字体要分开使用。我们平常打字最容易出现的问题就是，汉字输入过程中要切换欧文时利用键盘的快捷键切换到英文状态直接录入，并没有更换字体，欧文与汉字的显示不够匹配,。而且对汉字进行调整时，同种字体下的英文会受到汉字字间距调整的影响而变得古怪（虽然现在的字体越来越注意到汉字和英文的匹配，一些汉字字体的英文也还不错）。所以我们在录入汉字且同时需要录入英文时，最好事先设置好与汉字相匹配的英文，这样对汉字进行调整时英文就不会受到影响。对 Adobe 宋体 Std 字体进行调整把字间距调到 25(图 1-82)，因为欧文是在 Adobe 宋体 Std 状态下录入的，所以扩大字间距到 25 时文本中的欧文字体字间距也被拉开了(图 1-83 上半部)。在欧文、汉字混排时应先设定复合字体编辑器的字体区分后再进行录入。图 1-83 下半部汉字使用的是 Adobe 宋体 Std 体，英文使用的是 Times New Roman 体，其实 Times New Roman 字体也有点黑味过重，跟 Adobe 宋体 Std 体也不是最佳匹配，但是版式效果一目了然。因为欧文选用的是欧文字体，所以不受汉字调整的影响。

图 1-82

版式设计基本离不开文字，也就更离不开 Typography。什么又是 Typography？在我们检索一下 Typography 有印刷（术），印刷品，排字式样，印刷体裁等意思。世界大百科事典关于 Typography 的解释：印刷术以及它所涉及的印刷物。活字印刷发明以来，也就有了 Typography 历史的开始，原始意义是指活版印刷技术以及其印刷品，近代以来平板印刷、凹版印刷、丝网印刷等包含全部的印刷技术和其印刷品。

版式设计基本离不开文字，也就更离不开 Typography。什么又是 Typography？在我们检索一下 Typography 有印刷（术），印刷品，排字式样，印刷体裁等意思。世界大百科事典关于 Typography 的解释：印刷术以及它所涉及的印刷物。活字印刷发明以来，也就有了 Typography 历史的开始，原始意义是指活版印刷技术以及其印刷品，近代以来平板印刷、凹版印刷、丝网印刷等包含全部的印刷技术和其印刷品。

图 1-83

(3) 文本的避头尾规则

不管是中文还是欧文，或是中文欧文混排，文字不进行适当的调整就会出问题。尤其是初学设计的同学，处理一段文字比如左右对齐，很多人会用硬回车键一行一行地调整，这种做法是错误的。首先应该用工具栏里的文字工具拉出要录入文字的范围之后再输入文字或粘贴文字（图1-84）。这样处理至少目标文字面积的大小、宽度、高度都可以一次完成。然后就是设定文字的规则了。如果我们什么也不设定其文字排版如图1-85。对文字进行了一些设定，比如行尾设定全角标点会显得凹进部分太大，所以标点挤压；行尾设定为1/2字宽（图1-86），当然标点符号要避头尾(图1-87)。因为篇幅问题和易读性问题，本文使用的为9P的字，行距设定为18，字间距设定为25，这样字在一定距离阅读都是可以有识别性的。

版式设计基本离不开文字，也就更离不开Typography。什么又是Typography？在我们检索一下Typography有印刷(术)，印刷品，排字式样，印刷体裁等意思。世界大百科事典关于Typography的解释：印刷术以及它所涉及的印刷物。活字印刷发明以来，也就有了Typography历史的开始，原始意义是指活版印刷技术以及其印刷品，近代以来平板印刷、凹版印刷、丝网印刷等包含全部的印刷技术和其印刷品。

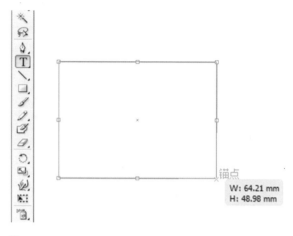

图 1-84

图 1-85

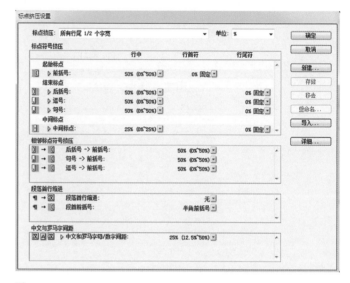

图 1-86

图 1-87

1.4 typography 赏析

下面的图文摘自《デザインで現場―タイプグラフィー》和 Typography Today。

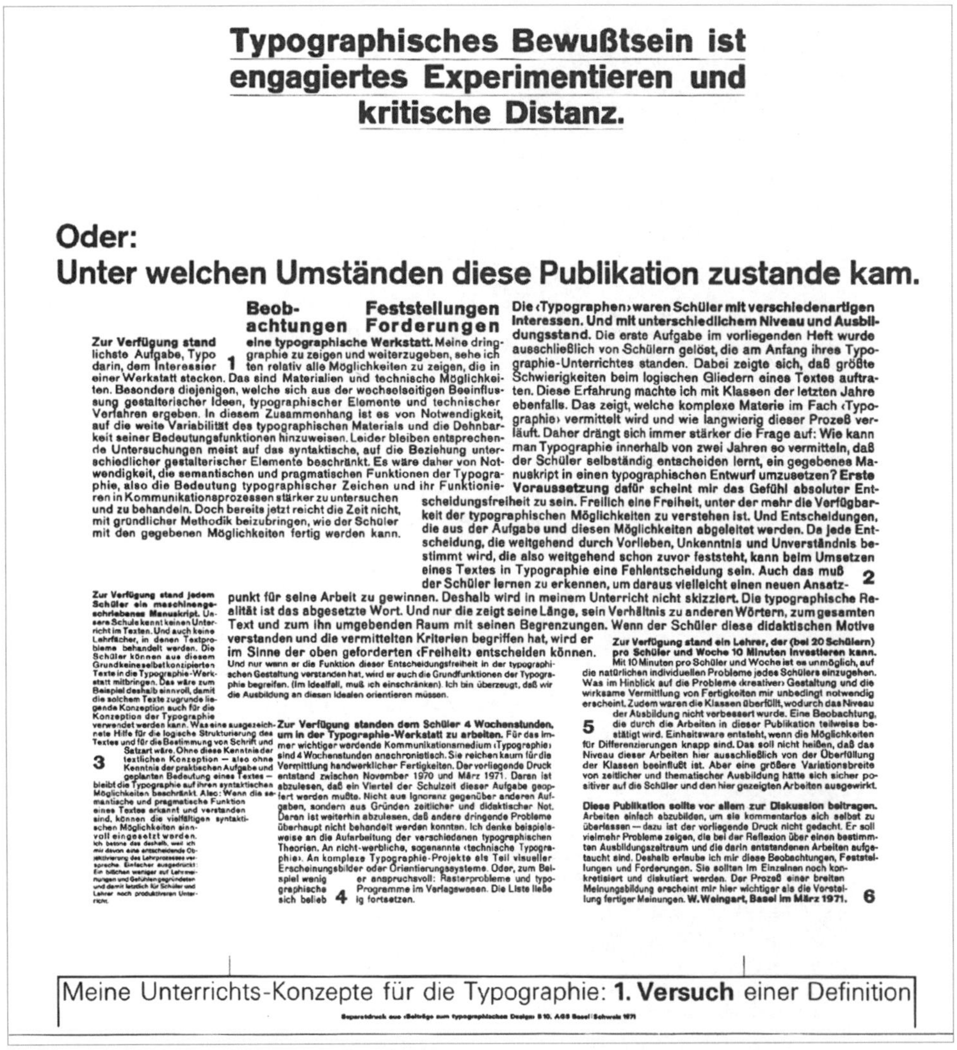

图 1-88 typography 样式——为某书的序所做的版式。同款字体不同磅数的排列，新颖但不失秩序感。对内容的分类也设计得精致，设计于没有电脑排版的1971年。

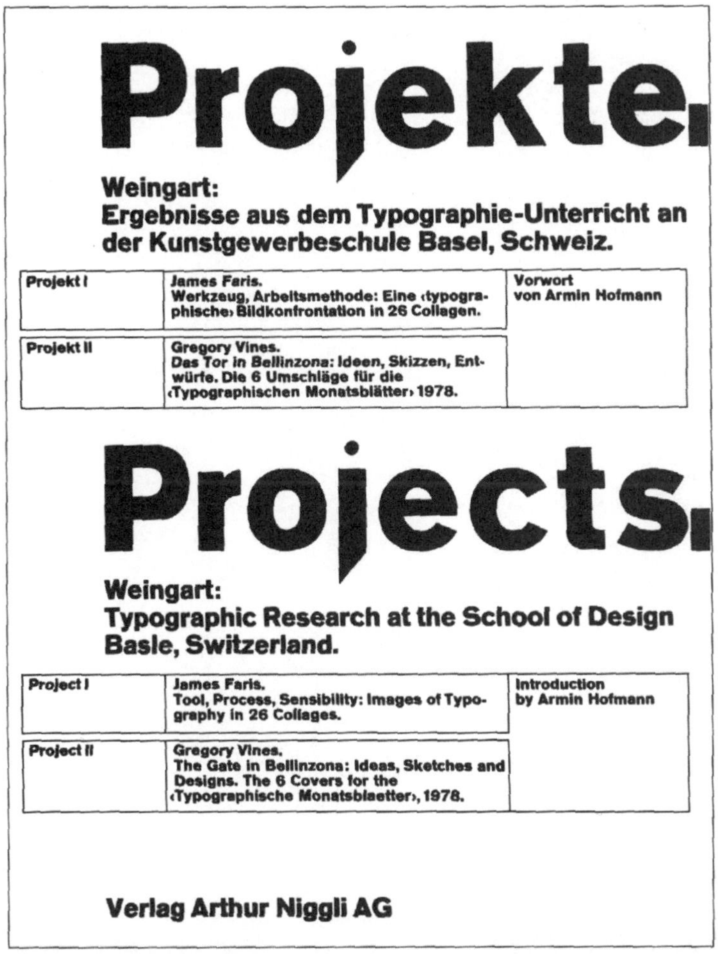

图 1-89 Niggli 出版社书籍封面，1978年设计。字母 j 做了特殊设计，标题整体有力、冷峻，充满现代感。

图1-90 Prime是瑞士一家电脑公司，图为宣传这家公司所设计的整版报纸广告。把标志字体里的 i 换成了1，文本切入黑色背景中，产生跃动感。设计于1979年。

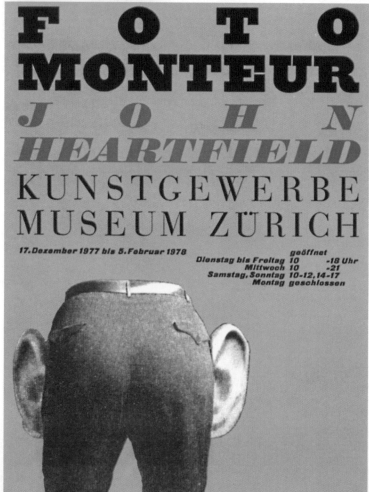

图1-91 德国工艺美术馆所展示的约翰·赫德费尔德写真展的海报，1979年设计。使用了粗衬线、发丝衬线体等，字体本身的粗细变化促成明显的优先顺序，呼应内容的主次变化。中间的意大利体使用得恰到好处，既是人名，同时也活跃了版面。

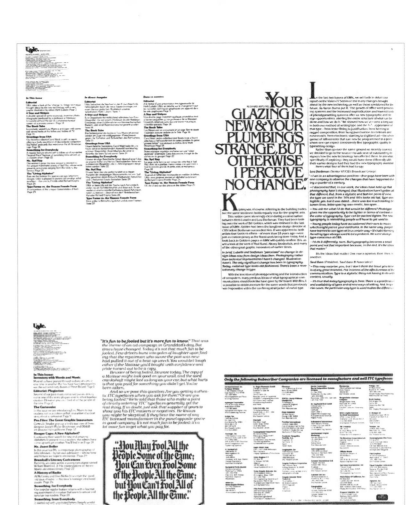

图 1-92 这是图书 *Ronchamp* 的内页，介绍的是勒·柯布西耶所建的教堂。为呼应写真表现的疏朗感，以非衬线体加粗的、细密的小号字对比而形成紧张感，于 1956 年设计。

图 1-93 纽约的国际活字制造公司 *U & lc* 的杂志内页，使用了衬线体、正体、斜体、粗体等字型，体现出明显的文字区域划分的作用。本图其实是上下对开的两页内容。

图1-94为《欧洲行船游记》内页。语言和typography相统一，语言内容以typography方式进行视觉再编，赋予文字视觉化特征，使文字和内容有机组合在一起。

chenhalle Wattwil Mittwoch 29. September 1965
.15 Uhr Karten an der Abendkasse Erwachsene Fr. 2.-
Jugendliche Fr. 1.-

horkonzert Madrigale
Zeitgenössische Kompositionen
eder aus aller Welt und tänzerische
Veisen mit Orffschen Instrumenten
irigent Siegfried Lehmann

ohanni-
scher
chor
berlin

■ 图 1-95 柏林 Johannischer 合唱团的音乐会海报。语言和 typography 相统一，时间、地点、曲目、演唱者等内容按文字大小分类，并按切分音进行分类产生音乐般的曲调是这张海报的魅力所在。其实好的 typography 是不一定需要装饰的。好的字体能体现文字内容的魅力，这比加一堆照片要具有设计意味。

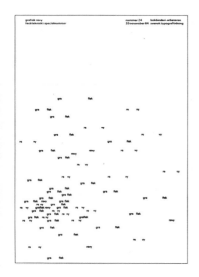

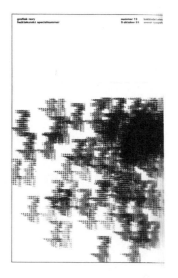

■ 图 1-96 瑞士的设计专业杂志 Grafisk Revy 的五个封面。利用 typography 要素完成了点、线、面、体四个实验，点动变成线，线动变成面，面动成为体，文字产生跃动，形成绘画的形式感。利用若隐若现的文字处理形成动静关系，将抽象转化为具象，使要素之间保持平衡。

■ 图 1-97 意大利百货公司 Rinascente 的标识是两种字体的字母。使用的是 Bodoni Italic 体和 Gill Bold 体，不光在标识上使用，作为标准字还应用于包装纸、海报、产品说明书等领域。1951 年设计。

■ 图 1-98 为知名的 SH & L 公司所做的标识和广告效果。标识采用标准字体的重复、层叠，产生强烈视觉冲击力。设计于 1968 年。

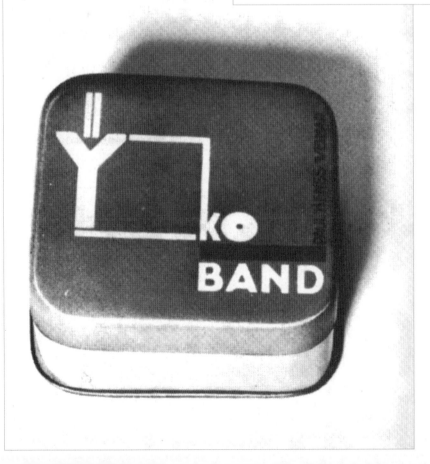

■ 图 1-99 Joost Schmidt 在包豪斯学校成立后于 1925 年任雕刻部指导，1928 年调到印刷部，对 typography 的发展产生了巨大贡献。该盒子的文字是由他设计的，充满美感和绝妙的平衡感。

图 1-100 马凯基&哈里斯活字铸造公司出品的活字样板海报。表现的是 Centaur 字体，具有清爽感，清晰的线条、优美与品质并存的字型，是美不胜收的一款字体。

THE CONFERENCE OF 1786

WESLEY says in his *Journal:* '*July* 25.—Our Conference began. About eighty preachers attended. We met every day at six and nine in the morning and at two in the afternoon. On Tuesday and on Wednesday morning the characters of the preachers were considered, whether already admitted or not. On Thursday in the afternoon we permitted any of the Society to be present, and weighed what was said about separating from the Church. But we all determined to continue therein, without one dissenting voice; and I doubt not but this determination will stand, at least till I am removed into a better world. On Friday and Saturday most of our temporal business was settled'.

'*Sunday*, 30.—I preached in the Room morning and evening; and in the afternoon at Kingswood, where there is rather an increase than a decrease in the work of God'.

'*Monday*, 31.—The Conference met again, and concluded on Tuesday morning. Great had been the expectations of many that we should have had warm debates; but, by the mercy of God, we had none at all. Everything was transacted with great calmness, and we parted as we met, in peace and love'. It was at this Conference that William Warrener was appointed to Antigua, thus marking another stage in the story of our Foreign Missionary work.

■ 图 1-101 书体巨大，字体大部分为 90 磅以上，特别为此书所订制的 Caslon 体。

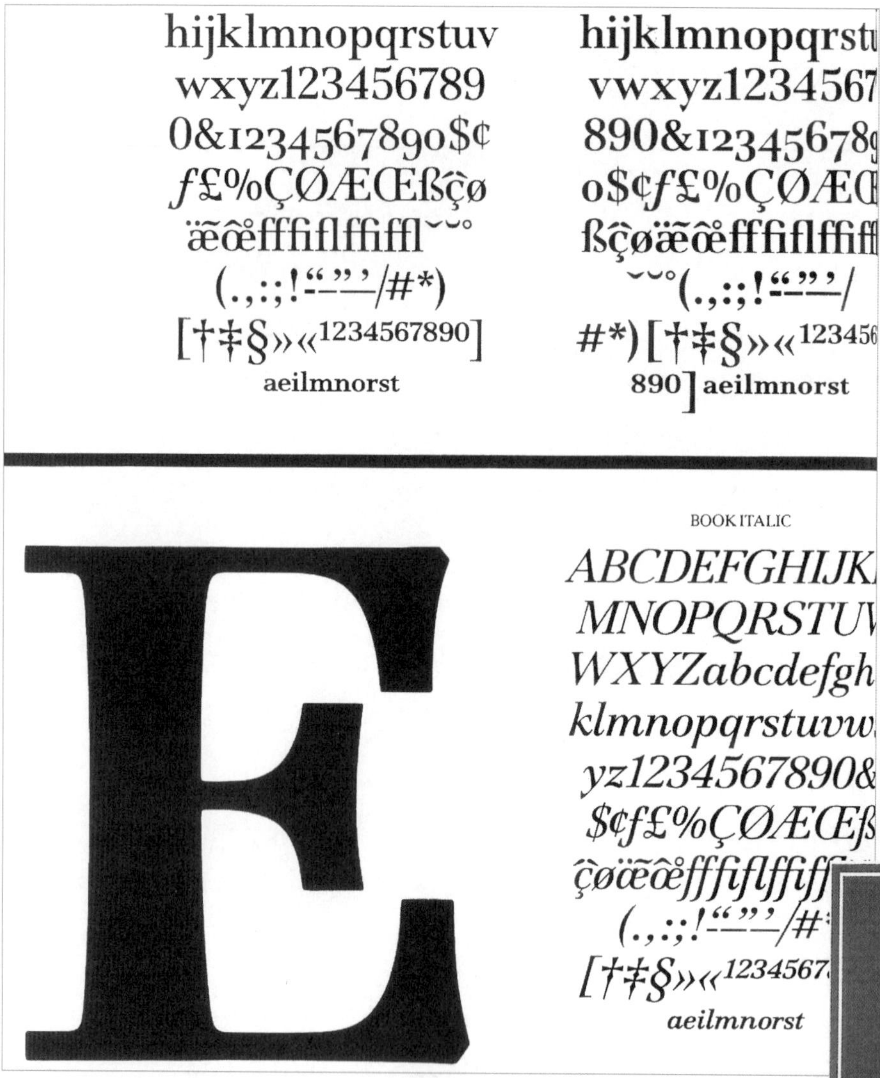

■ 图 1-102 纽约的国际活字制造公司 ITC 出版的专业杂志 U & lc。专门为新字体 ITC Jamille 所出的特刊，介绍了这款衬线体。字体的曲线部分非常美丽，设计于 1980 年。

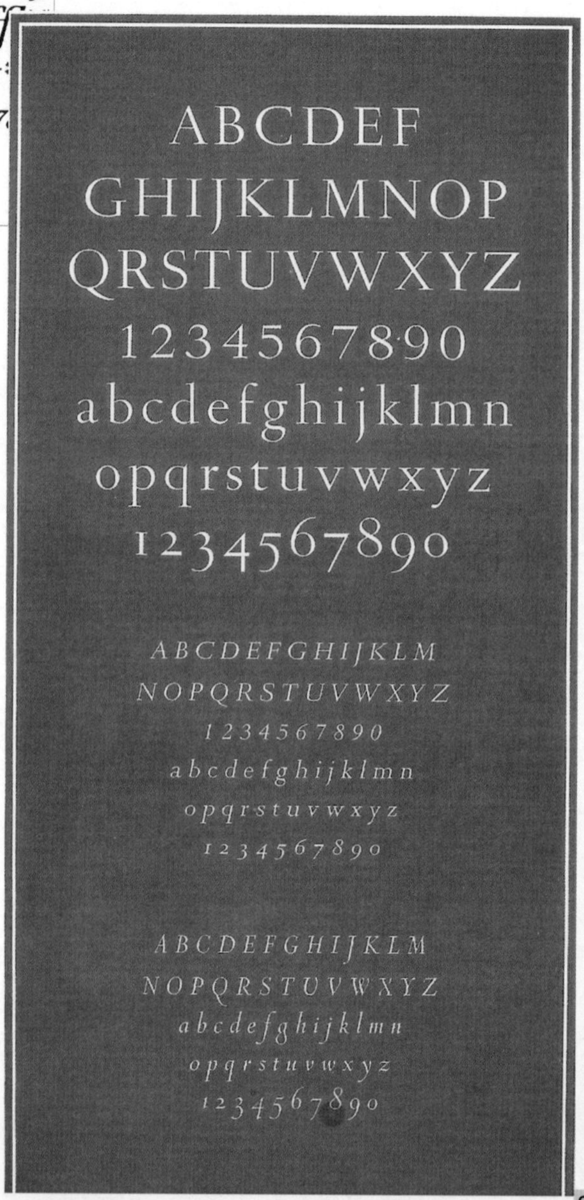

■ 图 1-103 荷兰活字铸造艾斯卡迪公司所出的活字样板，1931 年制成。是从旧体转变到现代体时期的过渡字体，名为 Romulus 体。是一款优雅、洗练、易读性好、运用较广的字体。

In this specimen we present a new series of our popular and internationally reputed Helvetica family. Our reasons for deciding to cut and cast a bold italic version were precise. We wished to produce a version which should be distinct from comparable existing designs. Discarding conventional practice, we kept the inter-letter spaces as close as possible so that a compact appearance could be achieved without the use of paste-ups and blocks. Some of the letters therefore had to be kerned, but the kerns are designed to stand up to hard use in standard jobbing work. Aesthetically the result is novel and striking. The composition is dense and weighty in appearance. Our new Helvetica bold italic will prove a notable addition to the range of typefaces available to the printer

72
BIENENKORB

60
BUCHBINDEREI

48
MERCERIE ROYALE

36
EMPIRE STATE BUILDING

28
HOTEL NATIONAL BEAU-RIVAGE

24
HERBSTLICHE MODESCHAU AM RHEIN

20
SALONS DE COIFFURE DE PREMIER ORDRE

16
ABCDEFGHIJKLMNOPQRSTUVWXYZAB £$1234567890

93454	6	4
93455	7/8	5
93456	8	5,5
93457	9/10	5
93458	10	5,5
93459	12	7,5
93460	14	8
93461	16	9
93462	20	12
93463	24	14
93464	28	16
93465	36	18
93466	48	24
93467	60	28
93468	72	32

■ 图 1-104 斯丁贝尔活字铸造公司推出的活字样板广告。 字体为 Helvetica 体， 由于为活版印刷， 字体的分量感十足， 细部的设计也随着时代变化而得到改进。 展示的 Bold Italic 体 （粗斜体）， 在当时找不到字间距如此细密的铅活字体， 大小写组版都是一样的效果， 字间距所形成的紧凑感不变， 有现在的数字字体无法比拟的深度。

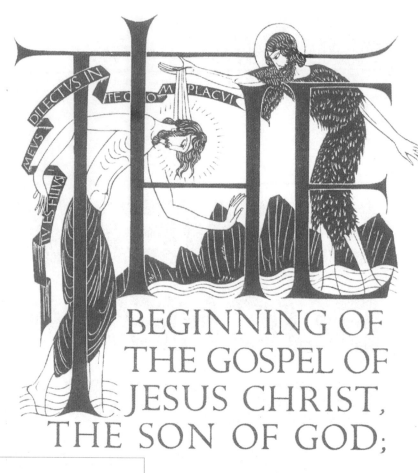

图 1-105 埃里克·吉尔设计了吉尔字体（Gill Sans）。埃里克·吉尔是非常优秀的插图画家，上图是他为《四福音书》所作的木刻插画，清晰的线条、秩序感的构图体现出画家的天才。下图为 Gill Sans 无衬线体的展示海报，发表于 1931 年。

2 汉字字体的再认知

2.1 汉字字体的构造和分类

本书主要想从文字的角度诠释版式设计的基本方针。任何版式都离不开文字,中文也是如此。而我们组版是把语言的符号化产物—文字作为传递信息的手段，以不同的字体来诠释语言的可视、气氛、形式匹配、和谐、风格、易读性等等。今天，电脑的普及也造成了学生书写能力下降的问题，很多大学生写字没有章法，对字的间架、结构没有很好理解，字写得比较难看。这些都造成学生对于字体理解有所欠缺，对于好字体的判断能力就更差，使得有些学生单从视觉角度设计版式，很少考虑版式的规则、组版规律以及文字的作用。所以在版式设计当中不讲字体的话，版式的根基就会欠缺，设计的版式也就缺少灵魂。如图 2-1 所示，这是日本著名书籍装帧设计师江慎的设计作品。它是一本名为《恶兴趣百科》的书，顾名思义，也就是不良嗜好百科全书，当然说不良，其实是与通常意义上的兴趣爱好不同的异类兴趣爱好。书名比较怪

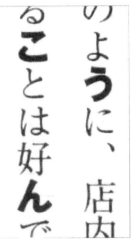

图 2-2

とんど時流に左右されることがない。「単に流行を追いかけ回すようなことには、私どもも私どものお客様も興味がございません」とメリンガー氏は記している。そして彼はこう続ける。「私どもはある一つの目的のために、ファッションを変えようとしています。それは女性の容姿を繰り返し輝かせ続けることです」と。フレデリックスは他のブティックやデパートのように、店内のディスプレイを時季ごとにむやみに変えることは好んでいないようだ。これはフレデリックスの理想としている美が不変だからだ。岩のように頑な美の哲学から生まれたのがフレデリックスのアパレル・コレクションだが、少なくともこの点に限って言えば、ココ・シャネルやブルックス・ブラザースのファッションと共通する部分がある。つまり、時代を超越しているというわけだ。悪趣味は決して流行遅れにならないのである。

…▼【巨乳の項　参照】

GABORS

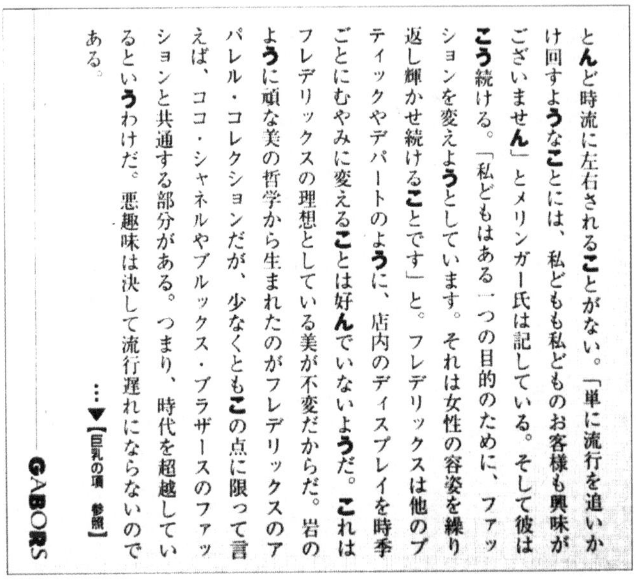

图 2-1

异，所以书的内容也让人怀疑是否会和它的名字一样古怪。在设计上也正好迎合了人们对这部书的猜疑、猎奇的心理。书中有平假名う,ん、こ的部分变成粗体 (图 2-2)，使得整体版面有一种不同寻常的视觉效果，而うんこ在日语里有屎的意思，所以对于阅读者来讲，版式的差异化设计带来的新鲜感，以及粗体文字部分词义所表现的大胆和诙谐，让人忍俊不禁，印象深刻。书名的怪诞、文字内容处理的刻意粗俗和幽默，使书名和内容相辅相成，引起人们足够的关注度和好奇心。

这本书创意的根本就是利用了书本身的文字来达到其目的。所以文字字体的灵活使用，对于版式来讲有时可以起到视觉图像无法达到的目的。图2-3也是江慎设计的装帧。作者石丸元章是一个有药物依赖症的患者，这是以其在网上以日记形式记录各种感受等为内容编辑而成的一本书。封面的插图好似臆病者的作品，作者名巨大黑体字上以日语片假名组成黄色书名，对比强烈，好似涂鸦，体现出猫抓痕般的狂躁和骚动不安的感觉，正是本书内容的写照，体现出字体的力量和设计者对字体的娴熟应用。本书的正文版式也是很出众的。考虑到印刷成本，书中文字排版采用直排，这样排版，容量较大（图2-4），节省版面，顺利控制了成本，而且这种与众不同的排版方式使内容表现上也起到很好的作用，使阅读一气呵成，有爽快感，与作者倾泻的情绪产生共鸣。所以我们说文字表现应与内容和谐统一以形成独特感受。

图 2-3

、両手を広げてロマンチックな叫び声を上げたものである。半前に留置場の中で約束を交わしたより2人も減って団が並べられていた。なんだ、サギ師の野郎、最初いるとヨンでいやがったのだ。

～♡」

かし「前科者の会」だって。「善花会」だって。なんもいいんだ。もちろんオレ達はわははは、と大笑いした。退屈な気の減入るような数週間をそうやってやり通談を力ずくで笑い倒して、人生に打ちのめされた者強引に楽しがって、自分の運命をぶっ飛ばしてきたから、今日だって、これぐらいのことで大笑いする。オレ達の共通の長所だってみんな知っているんだよ。分のことは別として、3年半の間に、どいつもこい

图 2-4

我们转回来再说汉字的分类和结构。汉字的结构大都为左右结构、上下结构等，由于汉字的独特性，汉字与欧文比起来没有视觉上的连贯性和韵律性。由于欧文中带有圆弧的字母较多，再加上字母文字是几十个字母交替出现，在视觉上会形成很好的节奏感和统一感。但是汉字就没有这种效果了，一篇文章中重复出现同一个字的几率低。汉字每个字的笔画都不同，视觉效果显得神态各异。作为书法来讲汉字可以是艺术化的表现，但是对于印刷体来讲就不一样了：书法的汉字可大可小、可长可短，笔画多的字就大，笔画少的字就小，可以随字型变化，天马行空的感觉；可是印刷体就不一样了，所有的字必须在同等大小的空间里出现，使得笔画少的字色浅，笔画多的字色黑，这种深浅不一的色调是汉字组版无法改变的事实。图 2-5 是本文中的一段文字，同样是宋体，经过模糊效果处理后可以看出字体深浅变化；如果换成黑体，效果就更明显。其实有时眯眼也可以看到类似效果，所以视觉效果很难超过欧文。同是汉字圈的日本，由于多年的努力，其 typography 已经达到相当的高度，从字体设计到版式设计都走在亚洲的前列。所以我们借鉴日本的版式设计可以更好地确立中国样式的 typography。

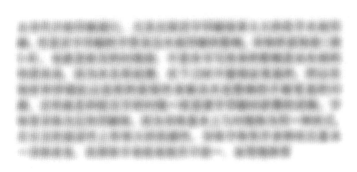

从宋代开始印刷盛行，尤其出现活字印刷后其效率大大优于木刻印刷。但是活字印刷的字型来自木刻印刷，宋体的装饰部（图 2-6），也就是欧文的衬线部，不是由书写的影响而是由木刻的特质决定。因为木头有纹理，在下刀时不能保证笔直，所以在转折和停顿处以这样的装饰性来解决木纹影响的问题；还有就是和欧文字的衬线一样，便于印刷时淤墨的消解。汉字的黑体与欧文的无衬线体相似，之所以取名黑体，也是源于欧文字体的影响，在我国黑体的叫法大约出现于 20 世纪二三十年代，那时开始有用黑体活字印刷的先例。黑体字的用法与欧文字体的非衬线体一样，用于醒目位置，如标题、广告语等。黑体由于字型的原因不适于长文阅读用。其他的字体如综艺体、行书体、隶书、姚体等属于特定场合使用，不易于大范围使用。

图 2-5

从汉字字体来讲，大概可分为宋体、黑体和其他字体三类。宋体是古来有之的字体，从宋代开始印刷盛行，尤其出现活字印刷后其效率大大优于木刻印刷。但是活字印刷的字型来自木刻印刷，其宋体的装饰部（图 2-6），也就是欧文的衬线部，不是由书写的影响而是由木刻的特质决定。因为木头有纹理，在下刀时不能保证笔直，所以在转折和停顿处以装饰性来解决木纹影响的问题；还有就是和欧文字的衬线一样，便于印刷时淤墨的消解。

图 2-6

汉字的黑体与欧文的无衬线体相似，之所以取名黑体，也是源于欧文字体的影响，在我国黑体的叫法大约出现于 20 世纪二三十年代，那时开始有用黑体活字印刷的先例。黑体字的用法与欧文字体的非衬线体一样，用于醒目位置，如标题、广告语等。黑体由于字型的原因不适于长文阅读用。其他的字体如综艺体、行书体、隶书、姚体等属于特定场合使用，不易于大范围内使用。字体里宋体为泛用印刷体，因为宋体基本上与衬线体为同一种形式，在长文的易读性上有很大的优越性；宋体字有许多种，但基本用宋体命名，而黑体字名称并不统一，如等线体等。

从宋代开始印刷盛行，尤其出现活字印刷后其效率大大优于木刻印刷。但是活字印刷的字型来自木刻印刷，宋体的装饰部（图 2-6），也就是欧文的衬线部，不是由书写的影响而是由木刻的特质决定。因为木头有纹理，在下刀时不能保证笔直，所以在转折和停顿处以这样的装饰性来解决木纹影响的问题；还有就是和欧文字的衬线一样，便于印刷时淤墨的消解。汉字的黑体与欧文的无衬线体相似，之所以取名黑体，也是源于欧文字体的影响，在我国黑体的叫法大约出现于 20 世纪二三十年代，那时开始有用黑体活字印刷的先例。黑体字的用法与欧文字体的非衬线体一样，用于醒目位置，如标题、广告语等。黑体由于字型的原因不适于长文阅读用。其他的字体如综艺体、行书体、隶书、姚体等属于特定场合使用，不易于大范围使用。字体里宋体为泛用印刷体，因为宋体基本上与衬线体为同一种形式，在长文的易读性上有很大的优越性；宋体字有许多种但基本用宋体命名，而黑体字名称并不统一，如等线体等。

宋体作为最泛用的字体，其类型也很多，比如报宋体就是基于报纸印刷的需要而设计的。其字型平直、方正，衬线部细小，是基于报纸的特性而设计的。报纸的印刷精度低，只有 100～150dpi，且报纸的纤维粗糙，有很强的油墨浸染特性，所以报宋体在小字号印刷时也有很强的易读性，而且可以避免油墨糊版（图 2-7）。

图 2-7　上部为 Adobe 宋体 Std，下部为方正新报宋体，均为 7P 的字号，行距 10P。可以看出报宋无论行距、字距都比一般宋体紧张，而且字偏大，衬线单薄，字幅粗细较一致。

报宋顾名思义是为报纸所创。所以考虑版面尺寸为节省空间，采取行距、字间距紧缩的办法。如果图书用报宋的话，阅读者一定相当辛苦，因长时间阅读间距紧密的字体，眼睛极易疲劳。所以字体不同，在印刷上的表现也不同，了解字体特征对于版式设计来说是重要的。

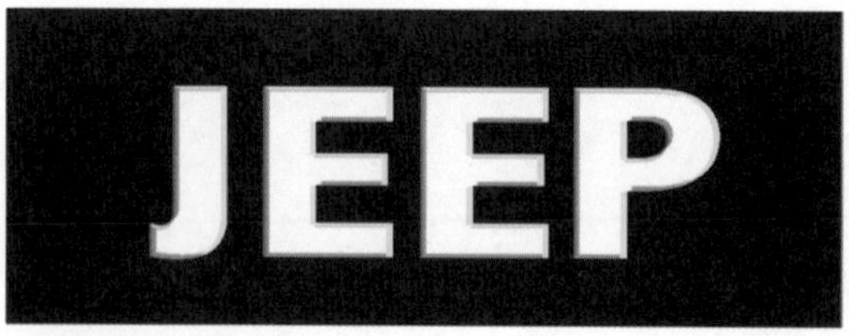

图 2-8

2.2 易读性的考量

版式设计中讲求易读性这一点是非常重要的，易读性的处理也可称为版式设计之本。我们在排版当中体会到，汉字的版式用小字号组版看起来舒服好看，也就是视觉效果有齐整感，由于字小，笔画繁多的汉字看起来也不那么显得烦杂了。的确，用汉字小字号排版时会显得好看，但是从易读性来讲是否也合适呢？那就不一定了。有些设计类杂志，字号很小，而且为了耍酷，黑底反白字也经常使用，长时间阅读会让人眼花缭乱。因为要想黑底够黑，油墨饱和度就要求高，油墨多了会挤入字幅的空间，所以还会产生文字断线的问题；尤其是四色印刷反白字很容易出现陷印问题（图 2-8），字的边缘产生三原色的漏边。所以慎用小字是我们设计师要关注的问题。那么针对字号大小的问题我们怎样处理较好呢？说来很简单：目测就够了，自己读读看，看是否不吃力就可以。当然从组版规律上我们也可以找到一些帮助我们解决易读性的办法。

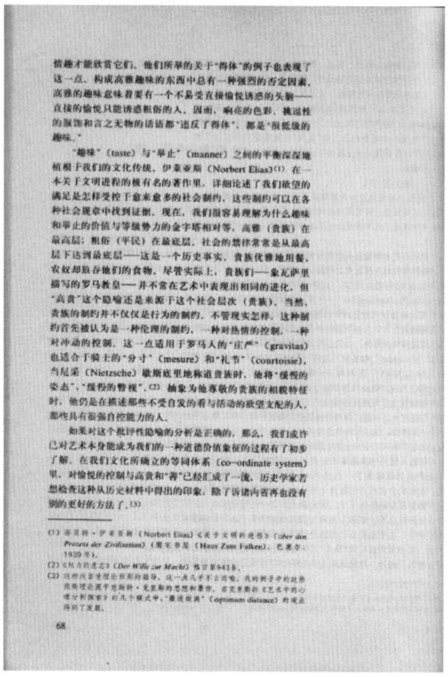

2.2.1 组版方向

我们国家是按国际惯例组版，方向从左至右；而有些国家和地区是从右往左，从上至下的。比如日本就继承了中国的传统排版方式，从右到左的，所以书籍、杂志的封面相当于我们的封底的位置，而我们从阅读习惯来讲是左手持书右手翻阅，但是日文书要右手持书左手翻阅，对于中国人来讲会很不习惯。而且我们中国是横排，日本是竖排，由于不习惯，中国人很容易看串行，找不到下一行的开头。所以组版方向与我们的阅读习惯决定了易读性的方向性。

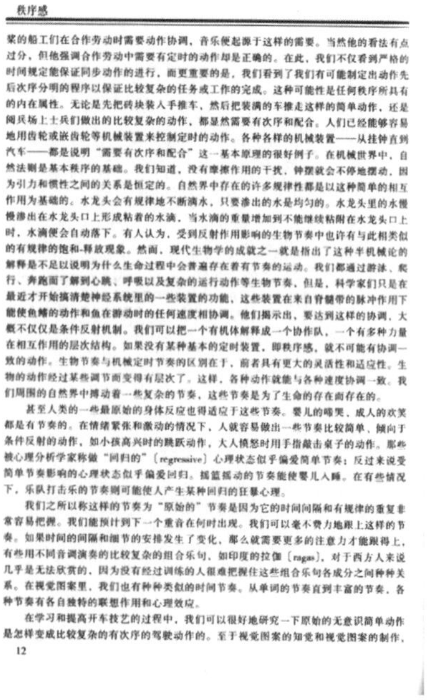

图 2-9 贡布里希所著的 《秩序感》 内页

2.2.2 行长

行长由字数决定，对于纯文字的书籍，在正常开本的情况下一般一行文字不超过 40 字为好，即我们不用转动头部，用眼睛余光就可以阅读得到的文字量，也就是看起来不累的字数。行长跟开本大小无直接关系。拿大开本的书和普通开本的书做比较，行长都为 40 字以内。一般不分栏的行长 38 个字为多。贡布里希的书都是 16 开的大部头（图 2-9、图 2-10），不同的排版方式行长均为 38 个字。图 2-10 是他的 《艺术与人文科学》，虽然是满版排版，但行长由于字间距的调整仍为 38 个字。

图 2-10 贡布里希所著的 《艺术与人文科学》 内页

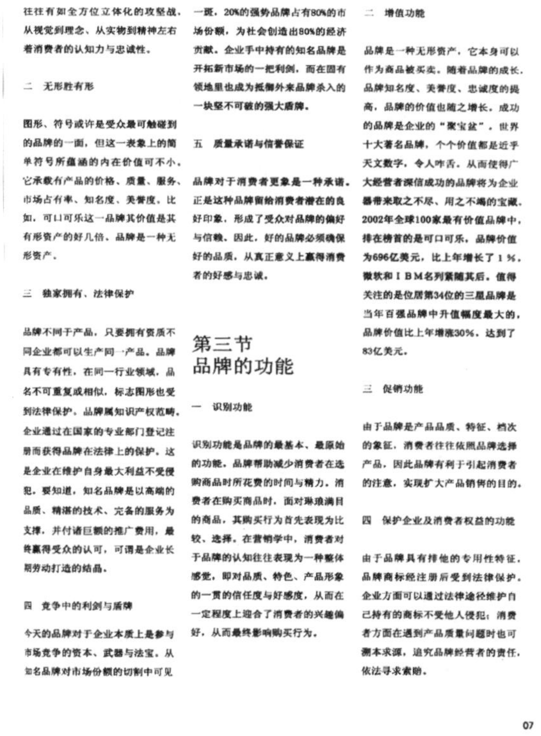

其实行长40字也不是最易读的字数，但是出于版面、成本考虑，最长行长保持在40字以内也是有道理的，像杂志等版面不太局促的，大部分采取分栏的做法，一般来讲分栏的行长不短过20字，字数太少会感觉文字内容不连贯，总在回行。所以分栏行长约20字比较自然，也合乎排版规律。图2-11为16开本的教科书，分了3栏，每行15字，我们阅读的感受，是感觉眼睛总在回行，文字内容的连贯性不好。作为设计师，设计要更人性化一些呢！

2.2.3 字间距

一般来讲，电脑字库里字间距都是统一的，汉字的字间距比较单一且基本一致（图2-12），不像欧文由于字母的宽窄不同使得字间距都有所不同。日语也是如此，它由字母（平假名、片假名）和汉字组成，字母有宽窄变化，所以日语比中文更需要字间距的调整。但是我们中文也需要调整，用大号字时由于笔画的疏密关系，文字的间距产生视觉错觉而显得不统一，因此有时也要适当调整间距来保持最佳视觉效果。

2.2.4 行间距

行间距与行长有非常紧密的联系，两者是相辅相成的关系。行长越长，行间距越宽；行长越短，行间距就越小。因为从易读性上看，行长长的在行末视线回行到下一行时要保留足够的行间空白，使视线容易找到下一行的开头文字。上一行末尾与下一行开头的距离越远，行间距就要越大，否则易读性就会受影响。当然文字字号的大小也会影响到行间距的设定。行间距没有绝对规定，全在于对视觉的适应性，看着舒服是要点。一般的组版软件会自动调整字间距，但是在个别情况下仍然需要用手一个字一个字进行调节，比如标点符号使用避头尾、标点挤压时等个别场合会发生一些问题。为了版面左右对齐，自动挤压的部分会显得过于拥挤，尤其末尾有英文字词时，软件会自动保持英文单词的完整性，不会变成连字、回行等，就会产生字间距不佳的视觉效果。所以排版时字间距和行间距都是需要适当调整设定的。

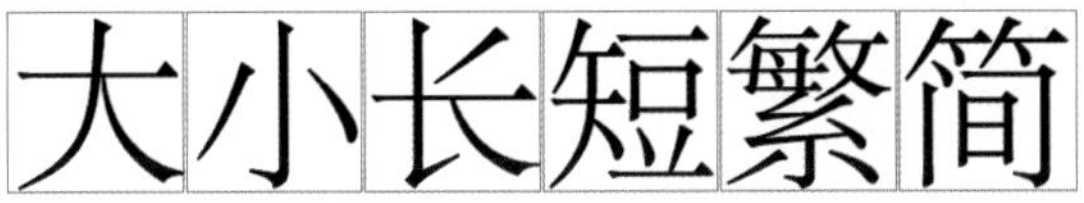

2.3 组版字体选择

字体的选择需要了解各种字体之间有什么不同，比如同是宋体，字型极其接近，排版效果没有太大差别，那么从易读性、视觉效果来看哪一款更好，这是一般学生或设计师都会遇到的问题。大家先看一下图2-13中不同的六款宋体，之所以选择用国字是因为国字方正，比较容易比较出字的大小。从图中大家可以看到，同为宋体字其差别还是有的，有饱满的，有略瘦削的，有显

图2-11

图2-12

A　　B　　C　　D　　E　　F

图2-13

强势的，有显内敛的。里面的玉字也是各有不同，这些字乍一看基本一样，仔细比较起来才可以看出不同。为了明显起见，用反白字更容易比较字型的不同。我们用图 2-14 中的 A、B 两种字体做一下对比：用竖排是因为汉字竖排了几千年，某种意义上讲汉字是为竖着写而创造的，所以竖排更容易看出汉字的变化，横排看不出字体左右的变化。对照图 A 和图 B 乍一看没什么不同，仔细看还是可以看出不同的：眯着眼睛看 B 比 A 略有黑味，也就是 B 字体的笔画主干略微粗一点。大家注意两种字体最右边第一行靠下的帷幕两个字，感觉 B 中帷幕两个字的幕比帷显得窄一点，而左边 A 的两个字感觉是等宽。再对比一下倒数第三行终于这两个字，右边 B 的于跟幕都显瘦。这就说明 B 的文字字幅有顺其字架结构宽窄变化而变化的现象；而左边的 A 更注重文字字幅宽窄的一致性，所以看起来 A 的字宽较一致，显得整齐，B 的字宽略有变化，所以看起来没有 A 的整齐。从感觉上看，字宽字高统一的字体排版上会显得整齐好看，但像 B 这种字体长时间阅读时眼睛不易疲劳，因为眼睛会追逐这种变化而保持新鲜感，而大小一致整齐的字看的时间长了会视觉疲劳，因为没有变化，使眼睛机械重复同一种运动而产生劳顿。图 2-15 的 A、B 是上图的放大，字号 28P，右边的带有活字风格，自然清新，适合文学作品的排版；左边的字型向四角扩张，字间架构饱满雅致，更有数字化字体风格，适用范围更广一些。A 为 Adobe 宋体 Std，B 为新宋体。图 2-16 为两款字体的重叠对比，红色字为新宋体，黑色为 Adobe 宋体。Adobe 宋体字型更开放，一些字腰线的位置不同于新宋体，整体显得比新宋体现代一些。新宋体还是保留了宋体的人情味，带有弧度的笔画也比 Adobe 宋体更多一些。

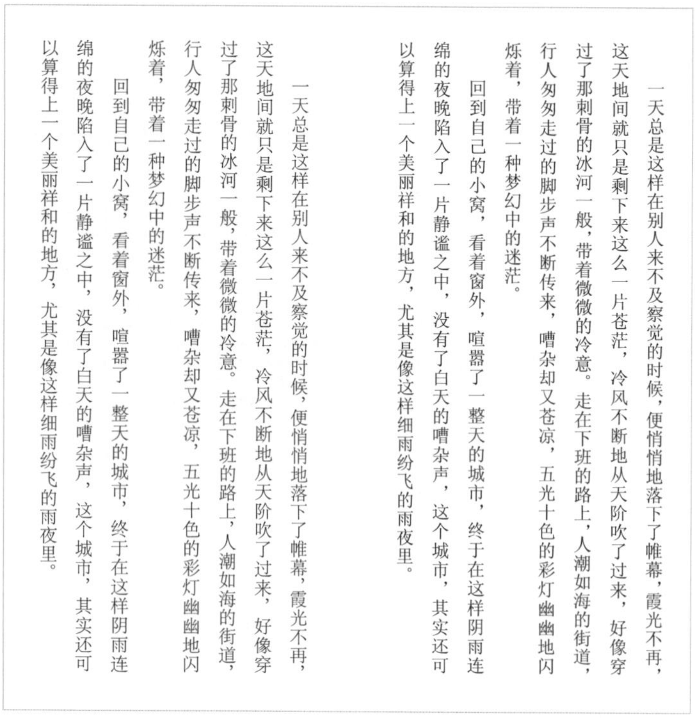

图 2-14

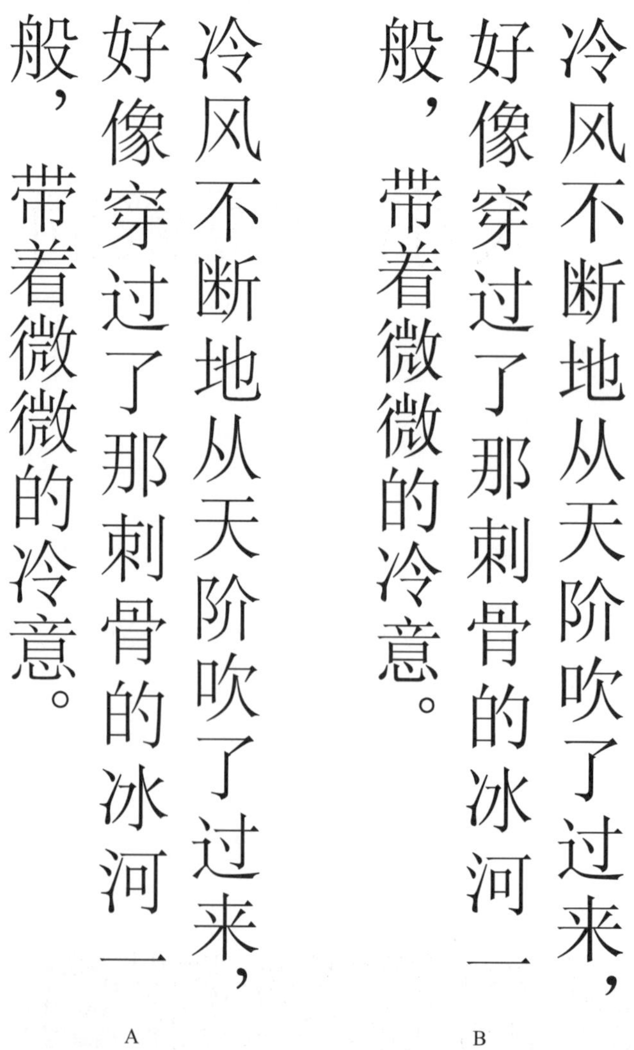

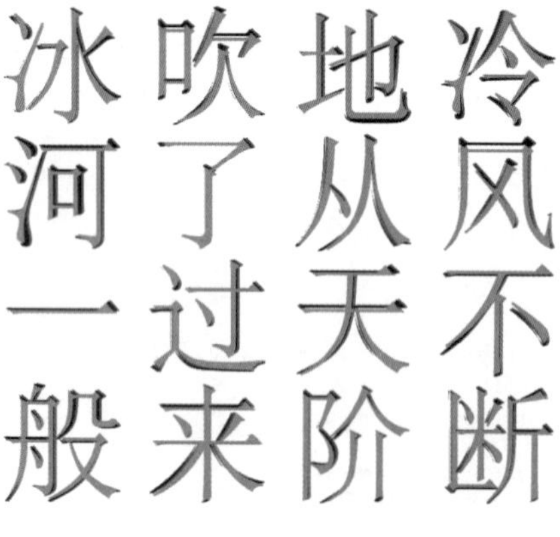

图 2-16

图 2-15

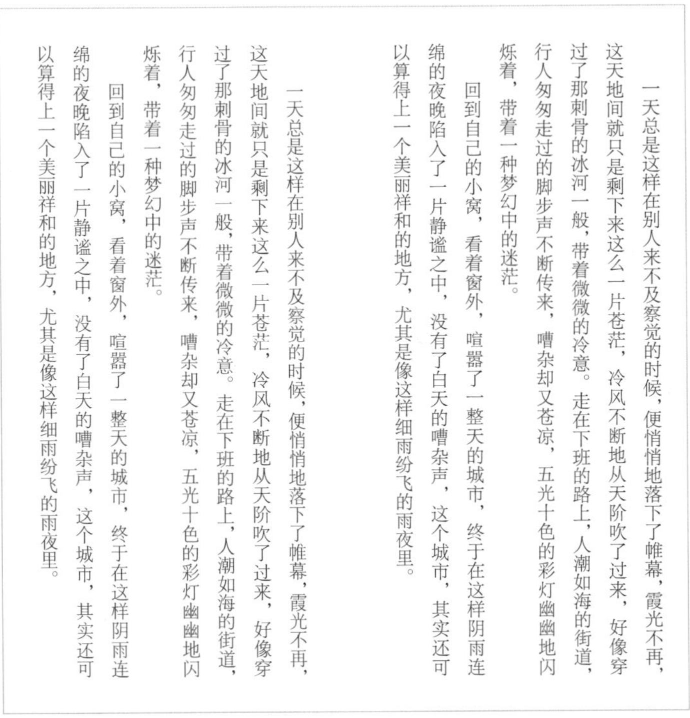

一天总是这样在别人来不及察觉的时候，便悄悄地落下了帷幕，霞光不再，这天地间就只是剩下来这么一片苍茫，冷风不断地从天阶吹了过来，好像穿过了那刺骨的冰河一般，带着微微的冷意。走在下班的路上，人潮如海的街道，行人匆匆走过的脚步声不断传来，嘈杂却又苍凉，五光十色的彩灯幽幽地闪烁着，带着一种梦幻中的迷茫。

回到自己的小窝，看着窗外，喧嚣了一整天的城市，终于在这样阴雨连绵的夜晚陷入了一片静谧之中，没有了白天的嘈杂声，这个城市，其实还可以算得上一个美丽祥和的地方，尤其是像这样细雨纷飞的雨夜里。

一天总是这样在别人来不及察觉的时候，便悄悄地落下了帷幕，霞光不再，这天地间就只是剩下来这么一片苍茫，冷风不断地从天阶吹了过来，好像穿过了那刺骨的冰河一般，带着微微的冷意。走在下班的路上，人潮如海的街道，行人匆匆走过的脚步声不断传来，嘈杂却又苍凉，五光十色的彩灯幽幽地闪烁着，带着一种梦幻中的迷茫。

回到自己的小窝，看着窗外，喧嚣了一整天的城市，终于在这样阴雨连绵的夜晚陷入了一片静谧之中，没有了白天的嘈杂声，这个城市，其实还可以算得上一个美丽祥和的地方，尤其是像这样细雨纷飞的雨夜里。

C　　　　　　　　D

图 2-17

图 2-17，右边的 D 整体比左边的 C 灰度更重一些，但是主干比 C 略细，横笔画比 C 粗了轻微的一点点，就是这一点点，使得 D 在多文字大面积印刷时整体的灰度会比较一致，显得干净、整洁、雅致，易读性也好很多，整体印象跟 Adobe 宋体较接近。C 有早期活字体风格，衬线部分的设计有雕刻感。放大图为图 2-18，断字和像字很有特色。C 适合作为历史、诗词等体裁字体。D 泛用性更强一些，适合评论、论文、杂文等体裁。C 为方正宋体，D 为方正兰亭宋体。某种感觉上兰亭是宋体的修正版，解决了易读性和泛用性的问题。

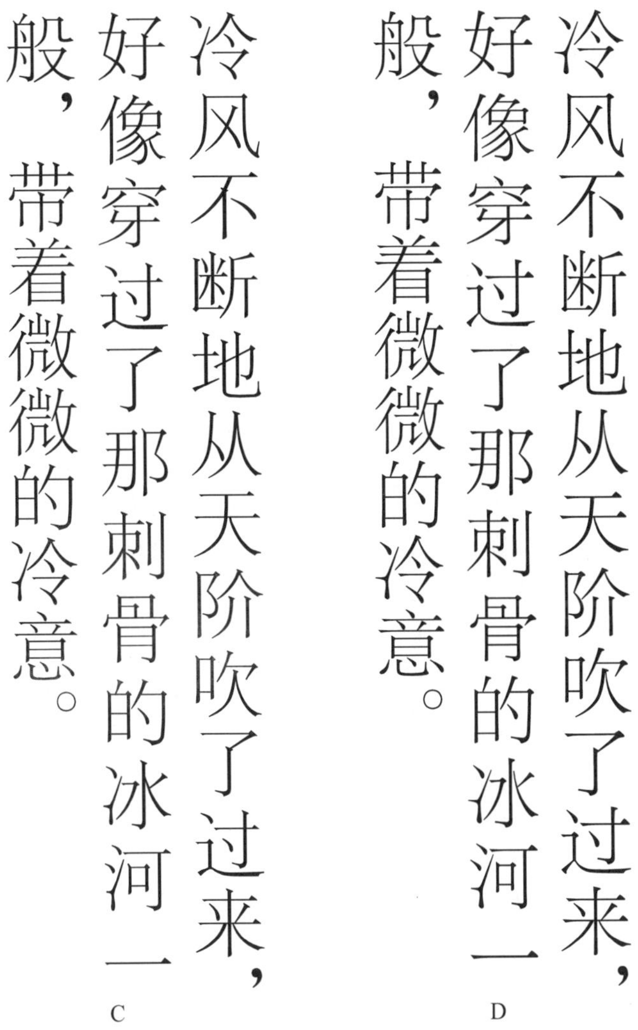

冷风不断地从天阶吹了过来，好像穿过了那刺骨的冰河一般，带着微微的冷意。

冷风不断地从天阶吹了过来，好像穿过了那刺骨的冰河一般，带着微微的冷意。

冷风不断地从天阶吹了过来，好像穿过了那刺骨的冰河一般，带着微微的冷冷。

C　　　　　　　D

图 2-18 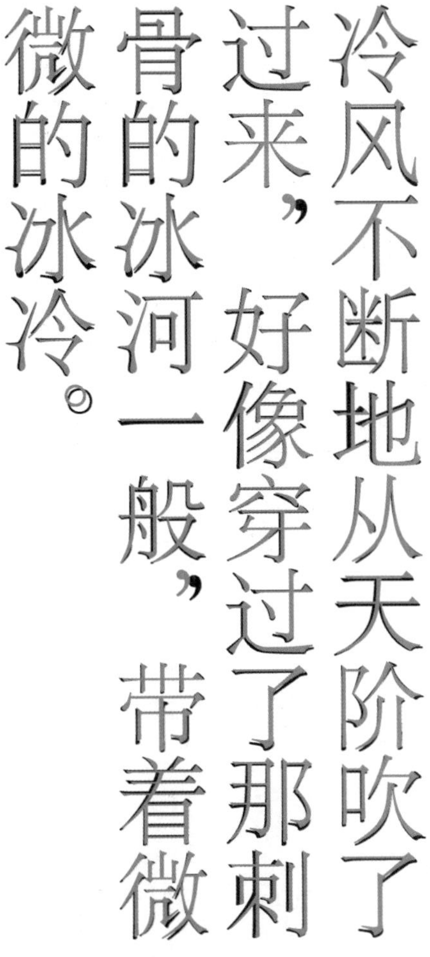　　　图 2-19

图 2-18 中的 C 的活字感显得硬气；兰亭体显得雅气，强调整体的宽度一致。兰亭宋体最大特点是庄重、典雅，具有中国书法的严谨构架，排版后文字清晰度好，阅读起来会使人轻松，且字面大小匀称一致。图 2-19 红色字为 Adobe 宋体，黑色字为方正兰亭宋体。兰亭显得开阔一点，笔画也更平直一些；Adobe 宋体似乎没有兰亭那么灰色调，多少显得沉静一些。

图2-20中的E和F，E为向四角扩张的典型字体，非常饱满，字间距也比较小。总体来讲F的字宽较一致，但是字型偏扁，可能是字型的原因，字间距也比E要大。而E的感觉是为了撑满四方空间，字型偏方形，看图2-21的E就可以感受到这点。从E的字型上看，其中穿字的两横同长，从着字主干的竖撇位置和骨字下部月字的宽度等等都可以看出E字体是尽可能把文字表面积最大化，也就是在小字号时易读性会提高。而F中整体字型扁宽，但不像E那样撑满四角，基本遵循字型的自然属性，宽窄是经过调和的，并不是一味为宽而宽。

F字体的字型较特殊，偏扁，所以F肯定不是为严谨内容的文字设计的，E为方正新报宋，F为方正博雅宋。图2-22中橘红字为博雅宋，黑字为报宋，通过对比，两款字的区别是相当明显的。

一天总是这样在别人来不及察觉的时候，便悄悄地从天阶吹下了帷幕，霞光不再，这天地间就只是剩下来这么一片苍茫，冷风不断地从天阶吹了过来，好像穿过了那刺骨的冰河一般，带着微微的冷意。走在下班的路上，人潮如海的街道，行人匆匆走过的脚步声不断传来，嘈杂却又苍凉，五光十色的彩灯幽幽地闪烁着，带着一种梦幻中的迷茫。

回到自己的小窝，看着窗外，喧嚣了一整天的城市，终于在这样阴雨连绵的夜晚陷入了一片静谧之中。没有了白天的嘈杂声，这个城市，其实还可以算得上一个美丽祥和的地方，尤其是像这样细雨纷飞的雨夜里。

一天总是这样在别人来不及察觉的时候，便悄悄地从天阶吹下了帷幕，霞光不再，这天地间就只是剩下来这么一片苍茫，冷风不断地从天阶吹了过来，好像穿过了那刺骨的冰河一般，带着微微的冷意。走在下班的路上，人潮如海的街道，行人匆匆走过的脚步声不断传来，嘈杂却又苍凉，五光十色的彩灯幽幽地闪烁着，带着一种梦幻中的迷茫。

回到自己的小窝，看着窗外，喧嚣了一整天的城市，终于在这样阴雨连绵的夜晚陷入了一片静谧之中。没有了白天的嘈杂声，这个城市，其实还可以算得上一个美丽祥和的地方，尤其是像这样细雨纷飞的雨夜里。

E　　F

图2-20

冷风不断地从天阶吹了过来，好像穿过了那刺骨的冰河一般，带着微微的冰冷。

冷风不断地从天阶吹了过来，好像穿过了那刺骨的冰河一般，带着微微的冰冷。

冷风不断地从天阶吹了过来，好像穿过了那刺骨的冰河一般，带着微微的冰冷。

图2-22　　图2-21　E　F

图 2-23

图 2-24

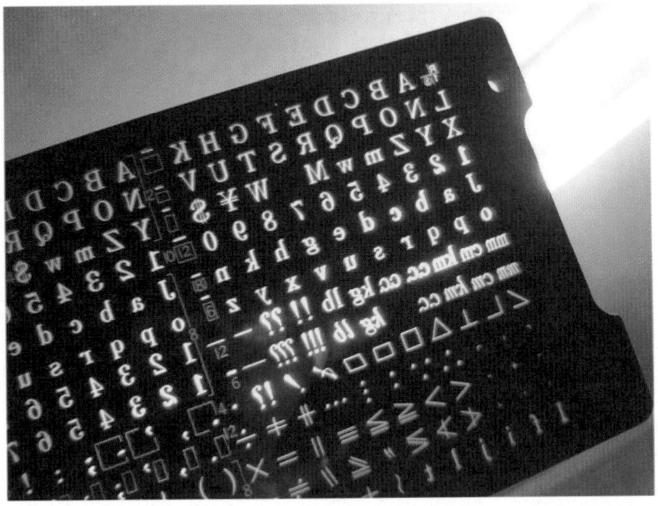

2.4 字体的认知——美丽的宋体

宋体是最适合文本用字体,其他字体如黑体也只适用于短文,而综艺体、姚体等五花八门的字体基本只是画龙点睛的用途，在正式文本当中是无法使用的。欧文字体足有几万种之多，但是用于文本的经典字体无外乎几十种而已。中文字常用汉字有四五千字之多，设计一款字体需要相当长的时间。我们不像日本，在早期铅活字印刷使用的同时，还有写植字。写植字是由字体设计师设计，由专业绘字师在大约 30cm×30cm 见方的纸上绘出，所有字绘完后通过照相使其缩小到很小的一块玻璃板上 (图 2-23)，底板为黑色，字型为透明，利用写植机进行排版。写植机前面有一个屏幕，像照相机的反光板一样，把下面的字反射到屏幕上，利用相机的镜头原理完成字体变化，如变宽、变窄、变斜，还可以调整行间距、字间距，当然不像现在的电脑那样简单，操作较麻烦。在铅字印刷无法改变字间距和行间距，也无法改变字型的年代，写植变得相当有用，尤其对排版要求高的设计领域。但是由于写植字从设计到完成周期长，所以写植字体相当昂贵。当时一台写植机加字体费用要超过 1000 万日元 (图 2-24)。当然在电脑排版兴起之后，写植机退出了历史舞台，但是由于写植字的出现，造就了许多好的字体设计师和优秀字体。中国在 20 世纪 70 年代还是铅字印刷 , 之后经过改革开放一跃变为胶版印刷。由于没有经过写植时代，所以字体设计的总体水平并不高，也缺乏专业字体设计师。

日本在写植时代所培养的字体设计师在数字化的今天仍然采用传统方式设计字体，造就了今天日本优秀的汉字字体。日本知名字体设计师藤田重信说过，设计一款宋体要三年时间，之后再进行试用及修改，最终出炉要五年以上，而日本常用汉字只有一千五六百字,那么我们中国设计一款汉字字体要花多少时间呢?会花五年以上造一款字体吗? 我们中国的汉字设计应该很好地借鉴日本的汉字字体的设计经验，以提高我们中国汉字整体的设计水准 (图 2-25)。

越す事のならぬ世が住みにくければ、住みにくい所をどれほどか、寛容て、束の間の命を、束の間でも住みよくせねばならぬ。ここに詩人という天職が出来て、ここに画家という使命が降る。あらゆる芸術の士は人の世を長閑どにし、人の心を豊かにするが故に尊とい。

住みにくき世から、住みにくき煩いを引き抜いて、ありがたい世界をまのあたりに写すのが詩である、画である。あるは音楽と彫刻である。こまかに云えば写さないでもよい。ただまのあたりに見れば、そこに詩も生き、歌も湧く。着想を紙に落さぬとも鏘の音は胸裏に起る。丹青は画架に向って塗抹せんでも五彩の絢爛は自から心眼に映る。ただおのが住む世を、かく観じ得て、霊台方寸のカメラに澆季溷濁の俗界を清くうららかに収め得れば足る。

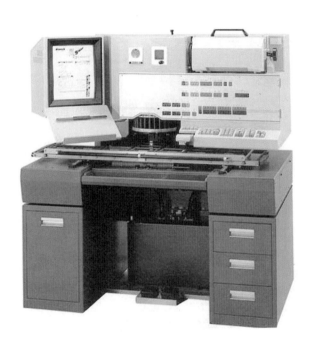

图 2-25 藤田重信先生设计的筑紫明朝 L 用于日语文本的效果

图 2-26 所示各个国字设计风格不同：外框的口字造型接近，主要是体现字幅的大小，而里面的玉字才是体现字体的视觉要素。如图 2-27 中 A～F 款为 6 号字时的视觉效果。从中可以看出 A 和 D 的外观和识别性综合得比较好，C 和 F 较差，一个是笔画细的原因，另一个是内部的玉字过于饱满。A 和 D 分别是 Adobe 宋体和方正兰亭宋，C 和 F 分别是方正新报宋和方正博雅宋，在用大号字时看不出的问题，在小号字里会显现出来。所以一款字体必须经得起大、中、小号字的显示效果的综合检验，才能做到真正意义上的字体综合平衡和泛用性。

一个字很难诠释一种字体的优劣，我们再拿几组字进行比较（图 2-28），比如害、露、窃、番几个字均为上下结构，害字的口子底的大小决定害字的上下平衡关系，在大号字和小号字的比较上，感觉 B、D 识别性较高，但口字偏小；从平衡感来讲 A、F 更好一些。露字下面的路字作为一个单独的汉字和作为组成部分的汉字要分别看待，在上下结构中路比雨字要膨胀得多，所以作为保持单独字型和组合字型的平衡来看，A,B,C,D 作为单独的汉字字型都不错，组合起来是 B 的雨字头偏小，小字号时 C 的雨字的横点看不清，所以综合起来看 A、D 较好。窃字从单独字的切字来看，仍然是 A、B、C、D 较好，但在小字号时 C 的中腔太空（穴字的两点和切字之间的空当），B 的切字偏大，所以 A、D 的综合效果最好。

我们再从文字腰线的高低来确认一下（图 2-29），约、动都是左右结构，左右腰线不在同一水平线上，以主体右边的腰线为准做个测量。从文字设计上来讲，腰线高的文字内腔较大，字体显得明亮、清晰一些。从图 2-29 中看出腰线左右较一致，腰线高和字体平衡感较好的是 A、D。E 的腰线最高，可是在小字号时可以看出，由于腰线的原因，字体变形较明显。约字用大号字时，从左右大小及平衡感来看，B、C、D 都不错，从 A 的绞丝旁和右边勾字比较来看，绞丝旁显得大。可是在小号字时 A 的感觉出来了，无论在平衡感和识别性上都相当不错。

我们再看图 2-30 中背景这两个字，字幅宽窄一目了然，A、B、D 都不错，C 的京字底的右点视觉上显得有点短，A、B 字型效果最佳,D 的部首北字和下面的京字都有一点左右撑开的感觉。E、F 就太宽阔了，平衡感欠缺。

如图 2-31 所示，妾、女、其三个字，女字的字腔部分，A、D 显得秀丽一些,因为女字字腔大的话，女字的横笔画就会显得短，尤其是数字字体被圈在固定方块里时，这种效果更明显。女字的右捺，A、B、D 都有顿笔一样的设计效果，加强了字体的有机感。下面其的两点也是如此，左右点的长度和角度关系，使两点占的

图 2-26

图 2-27

图 2-28

图 2-29

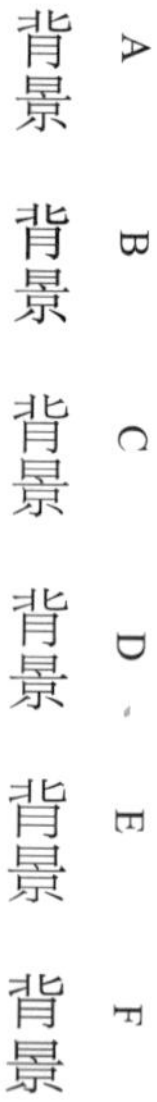

图 2-30

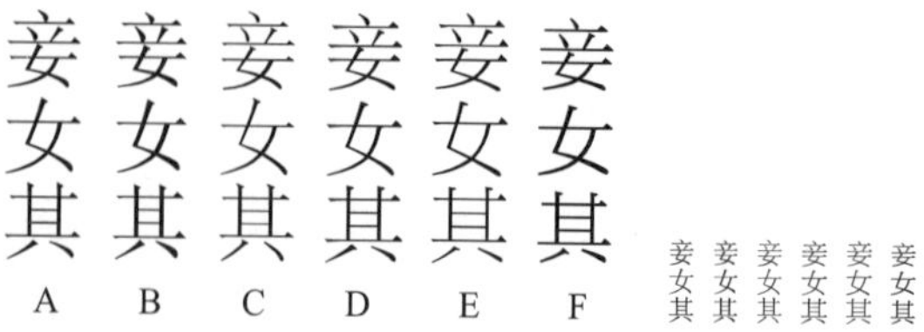

图 2-31

空间与上部字型保持一定的比重。感觉 A、B、C 比例关系适中。再看小号字，大家都可看出 A 中的这三个字识别性和视觉效果是最好的。

再看图 2-32 中经、基、齐三个字，照顾到整体平衡感和比例适中，三个字中基的腰线、齐的下部比重、经的工字高度等都无欠缺的只有 A。藤田重信先生曾经说过，他在写植时代设计字体时的经验是：三撇在字体里沿放射状方式排列效果较好，三撇在左边时收笔要放，在右边时收笔要适当紧。图 2-33 中 B 和 F 的须字有藤田重信所说的三撇的放射线方向的感觉，其他字体的三撇都不够放射状，做到右边三撇收笔的有 A、B。而珍字的王字旁与右面的人字的距离决定了小字号时的识别性，使用小号字时最易识别的是 E 和 F。A 中参字的小号字最好认。

如图 2-34 所示的锅和骑字的腰线，因为骑的右半为奇字，按视觉比例奇字的可字要大于上面的大字，而在图中，只有 A、B 两个比例尚可，锅字也是如此。图中的京字的小字底的大小决定了京字的比例关系，口字的大小决定京字是否头重脚轻。整体来讲 A、C、D 的整体平衡感较好，但是小号字时识别性最好的是 A。免字的口部宽度和下面撇和竖弯钩的大小决定了免字的视觉比例关系。从图中我们可以看出口部的重心高的话，下部两笔画的空间就显得从容，比例关系也好看，所以 A、B、C、D 感觉都还好，但在小号字时，A 较好。

其实普通宋体做标题使用都偏轻，因其笔画较细的缘故。只有大宋、标宋等适合标题使用，而就一般文本排版来看字体不超过 12P 的为多，大部分为 8～10p 的常用字体，那么作为一般文本使用的宋体，更多注意小字号的字型效果要比注意大字号时的字型效果更重要。

从上面对汉字的结构及偏旁部首的比例关系分析来看，列举的六款字体当中，A、D 的泛用性最好，适合各种文本使用；B 有活字体特征以及字幅的宽窄变化，更适合文学作品的文本使用；C 有木刻字体特色的衬线，更适合历史文本、文献等。而从整体泛用性来讲，A 字体大概是上述六款字体中最好的选择了。上述六款字体从 A 到 F 分别为 Adobe 宋体 Std、新宋体、方正宋体、方正兰亭宋体、方正新报宋体和方正博雅宋体。

经 基 齐　A　B　C　D　E　F

图 2-32

参 修 须 珍 影　A　B　C　D　E　F

图 2-33

锅 骑 京 免　A　B　C　D　E　F

图 2-34

版式基本离不文字，也就更离不开 typography，什么又是 typography？那么我要先一下什么是 typography，在百度索一下 typography 有 1. 印刷，2. 印刷品，3. 排字式，印刷体裁等意思。我再看一下世界大百科事典于 typography 又是怎么的：印刷以及它所涉及的印刷物。活字印刷明以来，也就有了 typography 史的始，原始意是指活版印刷技以及其印刷品，近代以来平板印刷，凹版印刷，网印刷的等包含全部的印刷技和其印刷品。又由于印刷主体以文字主，印刷表以文字表主，印刷技的展，活字，写植字，数字化字体等的不断化展至今，所以今天我所到的 typography 一般是指印刷物文字体裁的用。

紫筑明朝 L

版式基本离不文字，也就更离不 Typography，什么又是 Typography？那么我要先一下什么是 Typography，在百度索一下 Typography 有 1. 印刷，2. 印刷品，3. 排字式，印刷体裁等意思。我再看一下世界大百科事典于 Typography 又是怎么的：印刷以及它所涉及的印刷物。活字印刷明以来，也就有了 Typography 史的始，原始意是指活版印刷技以及其印刷品，近代以来平板印刷，凹版印刷，网印刷的等包含全部的印刷技和其印刷品。又由于印刷主体以文字主，印刷表以文字表主，印刷技的展，活字，写植字，数字化字体等的不断化展至今，所以今天我所到的 Typography 一般是指印刷物文字体裁的用。

方正兰亭宋

图 2-35　紫筑明朝 L 体为日语字体，许多中国汉字无法显示，所以图中文字内容不连贯、缺字、少字就是由于这个原因。由于只是字体的比较，为使内容保持一致，方正兰亭宋体也只使用紫筑明朝 L 体所能显示的中国汉字。

版式基本离不文字，也就更离不 Typography，什么又是 Typography？那么我要先一下什么是 Typography，在百度索一下 Typography 有 1. 印刷，2. 印刷品，3. 排字式，印刷体裁等意思。我再看一下世界大百科事典于 Typography 又是怎么的：印刷以及它所涉及的印刷物。活字印刷明以来，也就有了 Typography 史的始，原始意是指活版印刷技以及其印刷品，近代以来平板印刷，凹版印刷，网印刷的等包含全部的印刷技和其印刷品。又由于印刷主体以文字主，印刷表以文字表主，印刷技的展，活字，写植字，数字化字体等的不断化展至今，所以今天我所到的 Typography 一般是指印刷物文字体裁的用。

版式基本离不文字，也就更离不 Typography，什么又是 Typography？那么我要先一下什么是 Typography，在百度索一下 Typography 有 1. 印刷，2. 印刷品，3. 排字式，印刷体裁等意思。我再看一下世界大百科事典于 Typography 又是怎么的：印刷以及它所涉及的印刷物。活字印刷明以来，也就有了 Typography 史的始，原始意是指活版印刷技以及其印刷品，近代以来平板印刷，凹版印刷，网印刷的等包含全部的印刷技和其印刷品。又由于印刷主体以文字主，印刷表以文字表主，印刷技的展，活字，写植字，数字化字体等的不断化展至今，所以今天我所到的 Typography 一般是指印刷物文字体裁的用。

紫筑明朝 L

版式基本离不文字，也就更离不 Typography，什么又是 Typography？那么我要先一下什么是 Typography，在百度索一下 Typography 有 1. 印刷，2. 印刷品，3. 排字式，印刷体裁等意思。我再看一下世界大百科事典于 Typography 又是怎么的：印刷以及它所涉及的印刷物。活字印刷明以来，也就有了 Typography 史的始，原始意是指活版印刷技以及其印刷品，近代以来平板印刷，凹版印刷，网印刷的等包含全部的印刷技和其印刷品。又由于印刷主体以文字主，印刷表以文字表主，印刷技的展，活字，写植字，数字化字体等的不断化展至今，所以今天我所到的 Typography 一般是指印刷物文字体裁的用。

版式基本离不文字，也就更离不 Typography，什么又是 Typography？那么我要先一下什么是 Typography，在百度索一下 Typography 有 1. 印刷，2. 印刷品，3. 排字式，印刷体裁等意思。我再看一下世界大百科事典于 Typography 又是怎么的：印刷以及它所涉及的印刷物。活字印刷明以来，也就有了 Typography 史的始，原始意是指活版印刷技以及其印刷品，近代以来平板印刷，凹版印刷，网印刷的等包含全部的印刷技和其印刷品。又由于印刷主体以文字主，印刷表以文字表主，印刷技的展，活字，写植字，数字化字体等的不断化展至今，所以今天我所到的 Typography 一般是指印刷物文字体裁的用。

方正兰亭宋

图 2-36

图 2-35 是紫筑明朝 L 体（日本把宋体称为明朝体，下面简称为紫筑）和方正兰亭宋体的对比（下面简称为兰亭）。紫筑和兰亭均由 8p 和 6p 的字号组成，由于使用字体自带欧文的混排方式，欧文受汉字字间距的影响，字间过宽。在前文中已提到使用字体原配的欧文会完全受汉字调整的影响，自选欧文就不受影响，所以欧文部分我们暂且忽视它。

图 2-36 紫筑和兰亭为横排小字时，兰亭偏灰，颜色雅致，这说明兰亭的笔画较开，沿汉字方块字的方向延展，扩开较接近的笔画，所以整体显得色调一致，排版美观齐整。反观紫筑体其整体黑味比兰亭重，且颜色深浅不一。这很有可能是笔画顺应字的结构较接近，再加上笔画比兰亭略粗，虽然成块文字的颜色不

像兰亭显得一致，但是识别性比兰亭高。无论从横排还是竖排都可以看出两款字体效果接近，都似四角延伸类型的字体，体现的是现代明快的风格，字型大小均整，方块文字整齐美观。那么我们接着从字型分析入手。图 2-37 共有 22 个字的对比，基本涵盖了上下左右结构，日文的汉字基本使用繁体字，所以个别汉字的对比是使用繁体字来进行的。在图中标有紫的是紫筑明朝，标有兰的是兰亭宋。看基、索两字，紫筑偏向字体本身的自然宽窄，索下面的糸字的设计比较有书法的影子，而兰亭较平直，体现出现代感。涉、及两个字也是如此，及字在紫筑讲究字型的美感，而兰亭强调中轴线的左右平衡感。印、刷两字的印字紫筑是两横，而兰亭是横钩，当然这与汉字使用的习惯有关。但是印字的两横看起来整洁、干净，秩序感更强。刷字的尸字部，紫筑的口部明显小过兰亭，紫筑强调左部分和右面刂旁的对称比例，而兰亭强调的是尸字部与下面巾字部的上下对称关系。在小号字时可以看出，紫筑的刷字识别性高，这与它的左右对称有关系，即适当放出空间可提高小字的识别性。再看季、秀两个字，像季字起头的一撇，由于是由粗到细的笔画，即使已经放在主干竖画的正中间，视觉错觉上也会有明显偏右的感觉。紫筑体针对视觉问题，把一撇的中心偏右的位置与主干的竖画接入，在小号字时视觉上一撇刚好不偏右。再看兰亭，在视觉错觉上偏右了。秀字下面的乃字紫筑的左右笔画较紧，兰亭的乃字显得有点开了，当然兰亭强调四角方向饱满的字型。背、景两个字也是如此，强调字型本身的紧张感，尽可能保持方块字的同时字体有收紧的感觉，这些收紧的地方在成段文字中会显得黑色深浅不一。经、基两个字，经的土字比兰亭高，上面的又字偏小，重心刚好；兰亭的经字重心靠上，缺一点稳定感。兰亭为了整体齐整，多少会牺牲个别字的字型以求统一、美观。紫筑小号字的经字感觉相当好，易识别。女、妾两个字下面右捺的弧度，使得紫筑形成有机情调。露、窃两字的露字紫筑偏窄，路比雨字头小，秀气一些。兰亭还是走饱满路线，完成四角放射的作用。现、故两个字，现字的王字旁和见字距离远的是紫筑，小号字时起到相关作用，使紫筑体识别性高，故字兰亭腰线较高以保证文字占满方块空间。紫筑体的故字腰线好像低一些，攵旁的处理也较自然，没有兰亭体的提高腰线后的轻微变形感。

藤田重信先生说过，紫筑明朝体非常重视字型的紧张感，不松懈。尽量提高腰线位置使文字字腔自然变大，以体现方块字型的现代感，但是会尽量保持字型原有风貌，不会趋于形式感而妥协。

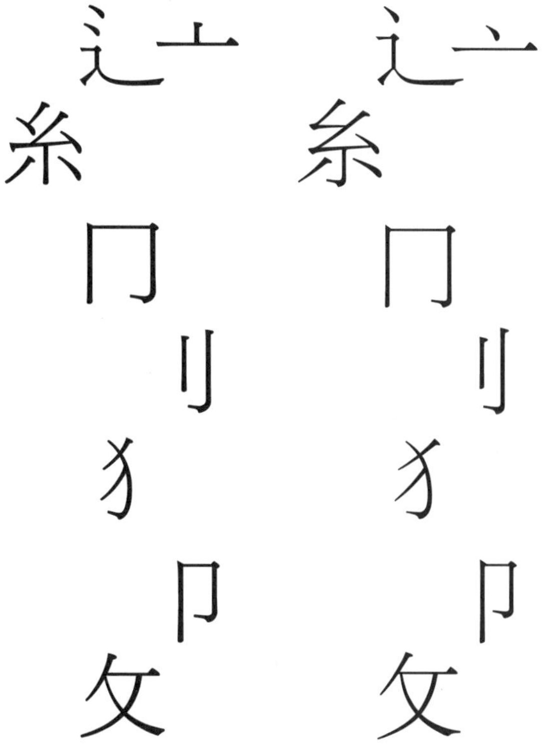

图 2-37

图 2-38 左为紫筑体，右为兰亭体。从图中这些偏旁部首的构造也可以看出传统书法风格的痕迹，衬线部圆钝，有机质感强，较有知性。兰亭体的衬线清晰，无机质感强，冷静有张力。

方正兰亭宋体典雅庄重，字高字宽均整，大块文章组版干净利索，灰度好，现代风格无机质感强，冷静大方，适合多种场合使用。

在方块汉字中，上、下、左、右结构的平衡关系决定字体的个体美观程度，如图2-39所示，文字的中心位置与比例关系，文字腰线的位置与左右平衡关系决定字体的美感。从图中我们可以看出，字体美观与否在微妙的平衡性上显得非常重要，所以一款好的字体是要细细比较才能体会到好在哪里，美在哪里。对字体有了足够的认识以后我们才会更好地把字体与文本内容结合起来，使字体更准确地反映文字的内涵。国外一个知名设计师说过：一款好字体放在一个设计师面前，可他并没有感觉到的话，那么他只能是一个二流设计师。可见好的字体对设计师来讲是多么重要。所以我们在使用不同的字体处理文字过程中，应注意字体的差异性，并且理解这种差异性，这对于提高版式设计有着极其重要的意义。

字体是有生命力的，应使字体成为文字的表情，我们要理解它们，爱它们，驾驭它们，使自己使用的字体真正带有设计师的个性及人格特征，具有生命力。

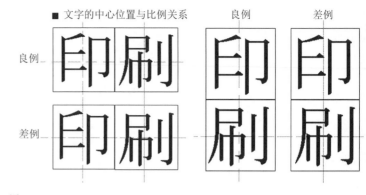

图 2-39

2.5 汉字排版赏析

图 2-40 杉浦康平先生的作品集《疾风迅雷》中的目录部分，虽然是译本，但是非常好地体现了原书设计风格，粗宋和粗黑混编也是忠实原设计的思想。间隔符也是杉浦康平先生的原创。目录分类清晰明确，Blod 型字体的运用也极其适合重磅内容的效果体现。

[目录]

设计合作人员
中垣信夫
辻修平
海保透
铃木一志
赤崎正一
谷村彰彦
佐藤笃司
王豪阁
副田和泉子
坂野公一
岛田薰
其他

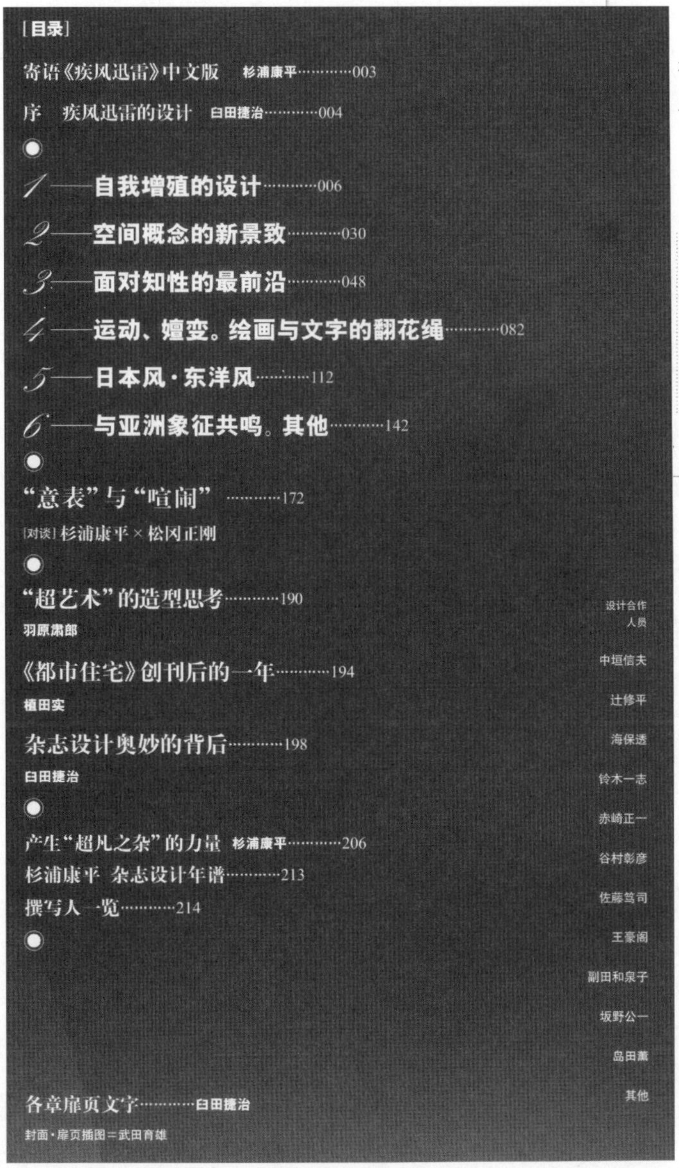

计与字体设计。第三次就是这次经杉浦先生的举荐，出席国际平面设计团体协议会在名古屋召开的会议（2003年10月，国际设计中心），就亚洲文字的手写体（script）做讲演。这是一个饶有兴趣的话题，即亚洲文字特别是南亚文字的大多数手写体，是建立在印度文字的先祖古婆罗谜（Brāhmi）文字书体基础之上的。我还讲到这些书体的基础即语音体系。

杉 成为今天印度文字基础的天城文字→⑤继承了古婆罗谜文字以及梵文化传统，是一个耐人寻味的文字体系→⑬。它与乔希先生研究的悉昙文字（即发展到天城文字的过渡文字）也紧紧地联系在一起。今天就印度的文字以及赋予文字力量的音声等，要好好向乔希先生请教一番。但在此之前想听听您对日本人使用的文字有何感想。在您的眼里汉字一定是十分复杂怪异的文字吧？

乔 我开始认为日本人使用的文字尤其汉字非常精彩，是从它作为绘画的角度。每一个字都是独特的画，而构成绘画的因素又必须全部以完整的形式表现出来。

确实复杂，然而“复杂”是相对而言的概念。与拉丁文的ABC相比，印度的字母

①——表现「永恒的空间」的种字「KHAM」·乔希书·「内与外的空间」展（德里·1986）的标志设计。

263

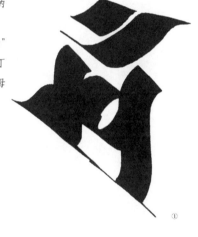

图 2-41 杉浦康平先生所著《亚洲的书籍、文字与设计》中的文本部分。这是对话访谈的内容，因为是对话访谈所以字体也选用仿宋也许是有道理的。大家知道仿宋是介于宋体与楷体之间的字体，如用楷体，也许稍显人情味，宋体也许又有一点过于严谨，所以对于对话内容的文本来讲仿宋也许是一个好的选择，严肃的形式也有人情味。

图 2-42 意孔呈像视觉设计事务所为*朝外SOHO*所作的导向设计的字体部分。他们用网格严谨地处理字体，不为字体本身的自然属性所左右，严格按照几何规律来完成字体的设计，从而形成了我们所看到的效果。字的笔画多少决定字的造型大小，从另一个角度完成了汉字字体的特殊属性，从纯粹无机质的造型手段中产生出有趣的有机属性来，这不能不说是一种非常有意义的实验性尝试。也从另一个角度提醒我们认知字体、理解汉字的重要性。

图 2-43 有山達也先生的书装设计作品。有山達也先生的作品单纯使用文字的作品居多。有山達也先生对于喜欢的字体从字体构成的字间距、行间距等基础细节部分进行研究，完全把握字体的基础构成之后才会开始实际组版的应用实验，即对一种字体完全吃透以后才真正用于设计当中，其设计多次获奖。他为短篇小说集《夜的朝颜》的文本用字体施以轻度的拉宽效果加大字间距，又用黑金烫金印刷，使书名字体与小说内容的纤细情感流露相辅相成，烫金字的轻微凹陷把书中内容所提示的人生印记也有所折射。《买不着的味道》是美食家的料理随笔，其版式设计与上面的小说集使用同种字体，排版打印后将打印稿放大后再使用，使文字没有电脑字体直接输出所形成的精密度和无机质感。放大的打印稿精度略有损失，使得字体不够尖锐，略有圆顿效果（图 2-44）。

图 2-43

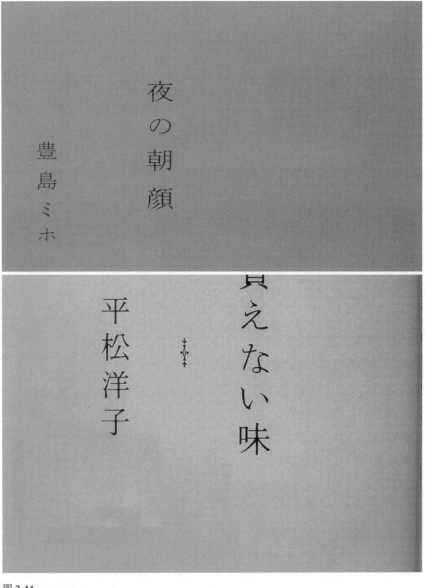

图 2-44

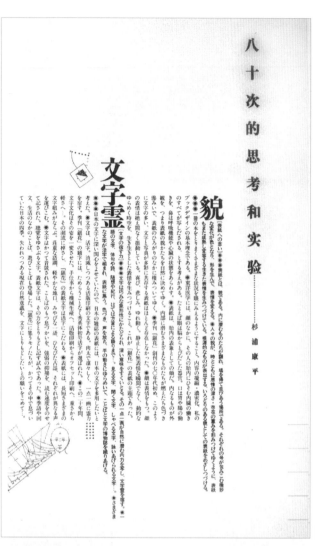

图 2-46

图 2-45

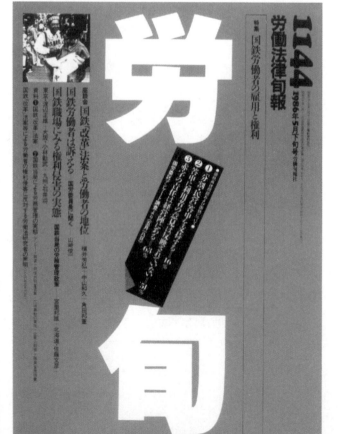

图 2-47

■ 杉浦康平先生的作品集《疾风迅雷》中部分作品的局部，图 2-46 中段落起头的字下沉，明显为欧文组版方式的运用，但是行长不变，下端形成凹凸效果，貌似字首下沉，其实是组版时灵动的特殊处理方式，与后面三个大字的开头一样，字首下沉的话只会有一个字而不会是三个。图 2-45 大小文字的处理，看似随机，但是大字处理的部分都是重要内容的关键词。作为杂志封面，这种处理方式可以让人瞬间了解杂志内容，对于信息传递有极其重要的作用。图中有粗宋、粗黑等混编体，貌似随意，但是运用得驾轻就熟，有很好的秩序感。字间距造成的紧张感很好地抓住了人们的眼球。图 2-47 为《劳动法律旬报》的封面。作为正论性严肃期刊，字体的处理以及内容简介的字号大小很好地把情报的主次进行划分，作为简称的劳旬两字，使用重磅黑体把报刊的实质彰显无遗。

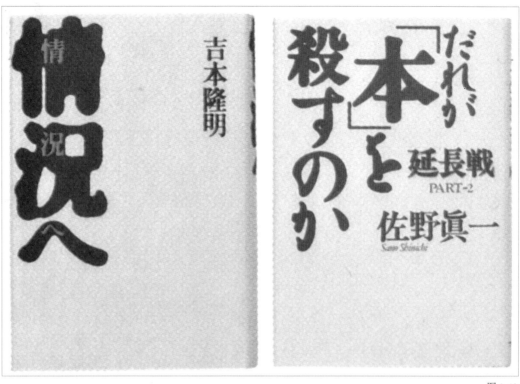

图 2-48

- 图 2-48 的左边是日本装帧设计师菊地信義为《情况》一书所设计的书籍封面。设计者偶然发现写植机镜头的特殊作用，利用焦距使字体模糊产生有趣的效果。这种模糊字体利用人体自然的视觉补偿原理，在远处一眼就可以识别出来，走近了反而不容易识别了，促使读者看模糊字体中间小号字的*情况*两字，这正是该书书名以及内容的意义所在。平时我们判断事物（情况）都是从粗浅的感受或感觉出发，对事物（情况）只有粗略的了解；只有真正接近事物（情况）的本身，才能真正理解事物（情况）的真相。图 2-48 右边是另一本书《是谁把书给杀了》的封面。菊地信義通过对字体的选用，把这个颇具激情色彩的书名很完美地诠释出来了。

- 图 2-49、图 2-50 为岛田雅彦先生所设计的三本书籍装帧。书名、作者名都印在接近转折的地方。他非常关注书籍摆在书店时读者最初可以看到书籍时的角度和距离，而这种印在接近转折的地方，可以使读者离得较远也可以看到书名，使书籍本身的存在感别具一格。他的设计把书作为舞台，书籍装帧是舞台布景，使用什么样的字体等，应从读者的五官感受来完成书籍的装帧设计。

图 2-49

图 2-50

■ 图2-51 日本著名设计师原研哉的展览海报局部。汉字部分只用了一种字体，通过大小字号的变化使情报内容产生了主次顺序。从画面来看，繁体字的排版还是优于简体字的，因简体字的间架结构难免松散，而繁体字更能占满空间，接近方块字效果，视觉上更有紧张感。

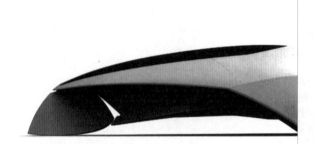

走向汽车强国的执着梦想
——中国汽车设计大赛颁奖典礼暨新秀班开班仪式

记者 Reporter_朱林 Zhu Lin

9月10日，当鲁迅美术学院的李启源和北京工业大学的马珂从中国一汽集团总经理徐建一手中接过金奖杯时，这场历时9个月的第三届中国汽车设计大赛终于圆满落下了帷幕。乘用车与商务车系列的概念设计，分别由这两位年轻设计者的作品"微风"和"SEB"摘得桂冠。"微风"的车身设计灵感来自古老的风筝，三角和弧线车身力求表现动感和轻盈的视觉感受，同时也是对城市交通低碳环保的诠释。而"SEB"的最大亮点是在双层公交车的外表面采用了太阳能板这类高科技能源材料，从而为车辆提供清洁和可持续动力想出了具有前瞻性的好点子。

还在读书的李启源和马珂既是大赛胜出的幸运者，也代表了众多热情参与此次比赛的选手们，整个赛事共有来自全球200余所院校的有志青年参加，围绕着"关怀与分享"的主题，1055套作品经过层层激烈角逐。如今产生了36项获奖作品。面对一份份闪现灵动思维和智慧光芒的创意，在三届大赛佳作的画册上，徐建一感慨地留言。"通过（大赛）这个舞台，顶级的设计院校与热忱的生产企业结成联盟，世界汽车设计大师的经验与汽车设计新秀的梦想交汇融合，为脱颖而出的明日之星提供了有益的成才环境。"

作为"国车长子"，六年来中国一汽始终不遗余力地支持并主办大赛。一方面是出于企业的社会责任。他们希望发现，鼓励并培养汽车设计领域的专才。另一方面更是借此表明国车必须干自主的态度和决心。在接受采访时，现任一汽集团副总工程师技术中心主任的李骏博士告诉记者，"一汽的第四次创业就是干自主，并且到2015年要实现两个重要目标：一是年产各类车辆500万台，另一个是实现20％的市场占有率。"而对国人来说，提到汽车的自主创新。

很容易让人立刻联想到一汽的"红旗"款轿车，该车系的设计研发就在很大程度上展现出了一汽自主创新的践行。"红旗产品整个开发都是我们自主在做的，底盘，发动机也是自己做的，尽管我们寻求了一部分国外支持，但90％以上是集团自主研发。包括车身和CAE的分析过程"。郭茂林，一汽集团公司技术中心主任助理兼车身部部长对记者说，值得一提的是，郭茂林曾是国庆60周年红旗检阅车的总设计师，不仅如此，"从它的发动机到变速器，譬如说它未来最高端的变速器是双离合器的自动变速器V6的发动机。这个车的开发深度完全由我们自己开发。包括整个电子匹配标定"，李骏继续补充说到。

反观这次以概念和造型设计作为打的创新设计大赛，郭茂林认为"汽车造型不仅是企业形象和产品牌形象的体现，而且也是和消费者沟通的要素"，针对当前中国消费者很大比例都是八零后，而且合资品牌车型外观设计普遍领先于自主品牌的现状，郭茂林指出，他们的造型中心当务之急是把自主产品，把一汽品牌下面各个系列产品的基因进行梳理。然

后结合中国市场的特点，包括消费者喜好的特点，做整个产品造型的工作，"我们这里面会更多融入中国传统文化的理念。尤其是在C级车和E级车上。能大家2012年看到红旗两款车上市之后。里面可以多体现自己文化理念的东西"，而作为工程专家。李骏博士则由衷地感到大赛推出两个重要的意义，一是开创了中国搞属于自己汽车造型的进程。"中华文化博大精深，应该有自己的造型。中国人应该做自己的造型一源"。二是中国人用车的时代刚刚开始，真正的中国汽车文化道路还很长。"我们有非常美好的前景。"

在金奖作品"SEB"上，大打能源牌和绿色出行车的创意引起了诸多媒体和记者的兴趣，由此更增强大家对当前消费市场上热议的汽车电动化议题。一汽在新能源车领域将有怎样的进展？何可以支撑规模量产？面对提问。李骏借诉记者其实早在"九五"期间，一汽的汽车电动化就已启动。一个新的消息是一汽还成立了电动汽车公司，李骏透露"未来电动汽车公司需要担负起对电动汽车进行市场导入，特别是前期小批量导入的使命。随着市场的发展，将进行我们更大规模地批量生产，比如说我们现在的客车，无论是柴油还是电的，还是天然气和电混合的，都已经开始在客户那进行批量生产。我们的客车品碑不错，连和长春销售了300多辆，陆续还会接订单生产。"此外，记者还得知。一汽将有非常大的电动车开发计划。"我们要陆续开发是目前看到的这种样式都要

■ 图2-52 现代设计类杂志使用黑体排版的较多，这似乎是一种流行趋势。图2-52除标题以外全为黑体字，正文多少显得有些黑味重一些，但作为杂志文章多为短文，倒也无所谓，且易读性不受太大影响。

■ 图 2-53 《设计的言语——互动的思考》一书所做的封面局部。把内容简介用五种字体用电脑程序进行控制，以形成不规则出现的效果而进行的一种实验性 typography。

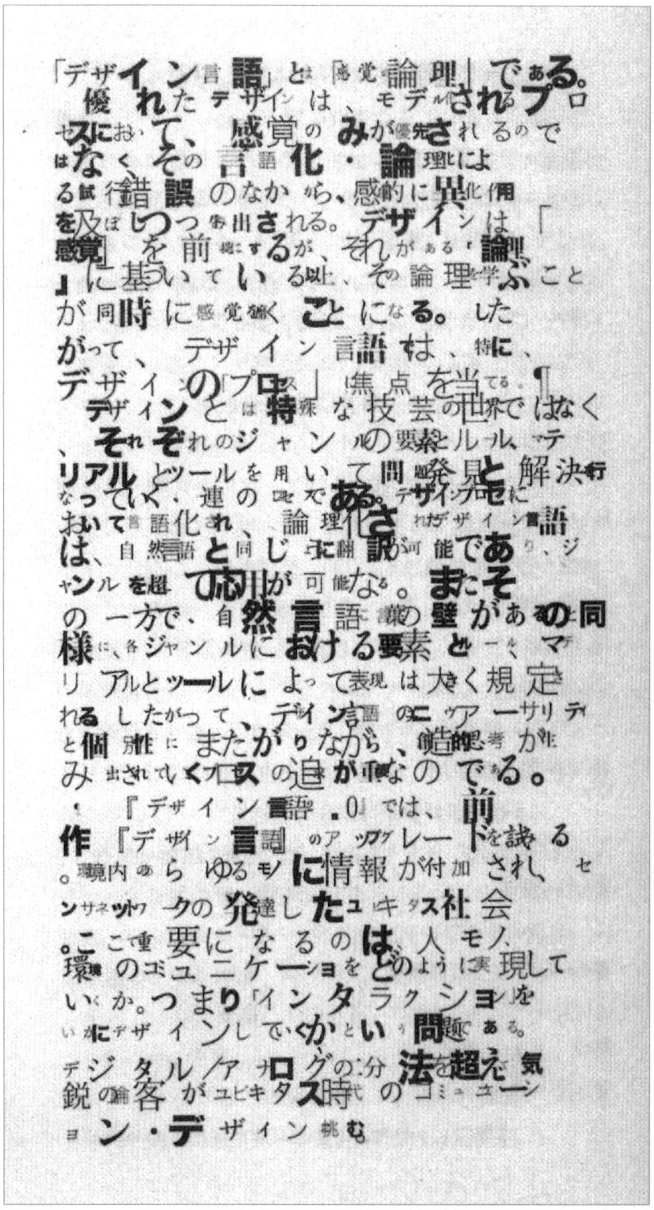

■ 图 2-54 杉浦康平先生所著的《形的游戏》目录。大字的细黑和小字的粗宋形成对比。如果把大字换成特黑字体，效果会怎么样？估计会有气血不通的感觉。字体的选择对于版式设计来讲是多么重要！

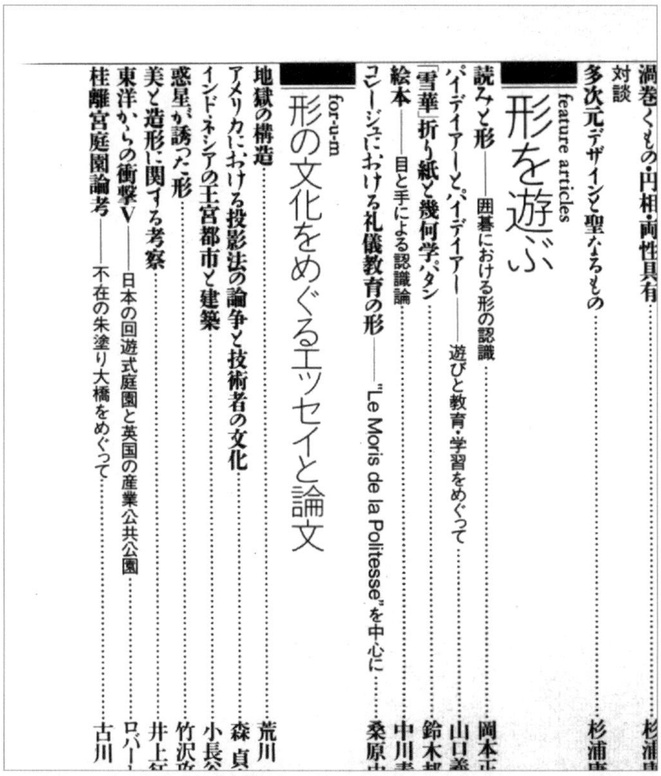

韩国著名设计师、教授安尚秀先生在中央美术学院作为客座教授期间，教授版式设计课程并为学生作品出版了名为《设计：以访谈的名义》的教学丛书，图 2-55、图 2-56 为学生作品局部。安尚秀先生强调学生对字体的运用和处理，研究汉字在排版上的可能性。如图所示，只是单纯改变字间距、行间距就会产生有意味的疏密关系，字的大小关系、字间距促成的紧张感或松弛感都会使文字对内容的表现产生很大影响，把握这种不同性，就能体现文字的表情。

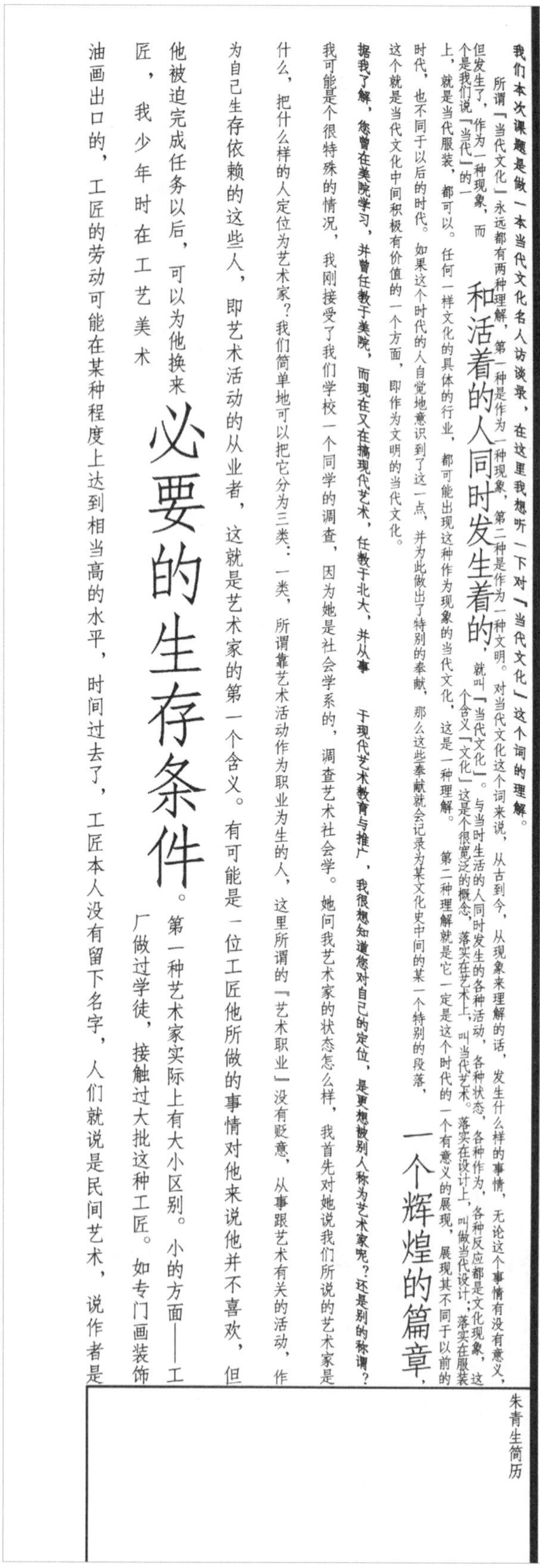

朱青生

我们本次课题是做一本当代文化名人访谈录，在这里我想听一下对『当代文化』这个词的理解。

所谓『当代文化』永远都有两种理解，第一种是作为一种现象，第二种是作为一种文明。对当代文化这个词来说，从古到今，从现象来理解的话，发生什么样的事情，无论这个事情有没有意义，但发生了，作为一种现象，而和活着的人同时发生着的，就叫『当代文化』。与当时生活的人同时发生的各种活动，各种状态，各种作为，各种反应都是文化现象，这个是我们说『当代』的一个含义『文化』这是个很宽泛的概念，落实在艺术上，叫当代艺术。落实在设计上，叫做当代设计，落实在服装上，就是当代服装，都可以。任何一样文化的具体的行业，都可能出现这种作为现象的当代文化，这是一种理解。第二种理解就是它一定是这个时代的一个有意义的展现，展现其不同于以前的时代，也不同于以后的时代。如果这个时代的人自觉地意识到了这一点，并为此做出了特别的奉献，那么这些奉献就会记录为某文化史中间的某一个特别的段落，一个辉煌的篇章，这个就是当代文化中间积极有价值的一个方面，即作为文明的当代文化。

据我了解，您曾在美院学习，并曾任教于美院，而现在又在搞现代艺术，任教于北大，并从事于现代艺术教育与推广，我很想知道您对自己的定位，是更想被别人称为艺术家呢？还是别的称谓？

我可能是个很特殊的情况，我刚接受了我们学校一个同学的调查，因为她是社会学系的，调查艺术社会学。她问我艺术家的状态怎么样，我首先对她说我们所说的艺术家是什么，把什么样的人定位为艺术家？我们简单地可以把它分为三类：一类，所谓靠艺术活动作为职业为生的人，这里所谓的『艺术职业』没有贬意，从事跟艺术有关的活动，作为自己生存依赖的这些人，即艺术活动的从业者，这就是艺术家的第一个含义。有可能是一位工匠他所做的事情对他来说他并不喜欢，但他被迫完成任务以后，可以为他换来必要的生存条件。第一种艺术家实际上有大小区别。小的方面——工匠，我少年时在工艺美术厂做过学徒，接触过大批这种工匠。如专门画装饰油画出口的，工匠的劳动可能在某种程度上达到相当高的水平，时间过去了，工匠本人没有留下名字，人们就说是民间艺术，说作者是

朱青生简历

图 2-55

其实很多艺术家，比如说赵半狄与熊猫，当只有一件作品时，你会觉得没什么意思，但当他把他的行动坚持不懈地融入到社会的各个领域的时候，他获得了成功。就我来说，我觉得这种想法与方式都很好，为什么后来你却没有坚持下去呢？当时我突然发现自己处于一种矛盾中，仿佛你比民工他们高一等一样，而且这种行动我不敢确定是否对他们会构成一种伤害。后来我看到一些艺术家用民工来做自己的作品时，我的直觉就是他们对民工造成了一种伤害，再有就是产生了一矛盾。

经过这些，为什么还会选择绘画或其它的艺术方式介入，而不是切身投入到政治中去呢？通过政治活动做这件事的话，影响会更大、更直接。政治跟这种艺术的方式的介入是不一样的。现在我国刚颁布一项《民工权益保障法》，这种方式可能解决的更有力、更直接。但艺术解决的问题是不一样的。就像我刚才说的，国家没有规定，或者人们会说：民工可以花十块钱去买一张票去看这个展览。你的做法看起来是多此一举。但问题的关键是，他们是不会花十块钱去看一次展览的。他们认为美术馆那个建筑与其他的机关或建筑是一样的。对于他们来说，那里可能也会在心中标成是一个文化禁地。那个地方永远和他没有关系。他们自己就是那么认为的。而问题不是他们花起花不起那 十 块钱。

那你觉得民工是城市中的一种阶层吗？我觉得他们不属于这个城市。城市就像一个家庭，而他们就像家庭的主人要装修房子时找的装修工人。当把这个家庭装修好以后，他们就会离开。你说当装修完房子后，你与这些工人还会有什么关系？当时我有一种想法，就是联系到毛主席的一番话："我们的一切问题归根到底还是农民问题。"不要以为我们国家有多大的城市，但仍有八九亿人还是农民。也就是说我们国家的性质还没有改变。你可以建很多高楼，或有很多的科学家或艺术家，但农业化的国家性质还根本没有改变。这是我们一直在进行着的一个事情。但我觉得文化已经变成了一种依附于政治权力之下一部分人的特殊权力。当时我找的是隆福寺附近的一些工人。他们天天经过美术馆，但从不觉得美术馆跟他们有什么关系。很明显，从这一点上可以看到，举办这次展览本身已经不自觉地变成了一部分人的享受，而且他们（民工）主动地会认为是这样 ： 这种活动与他们无 关。

102

图 2-56

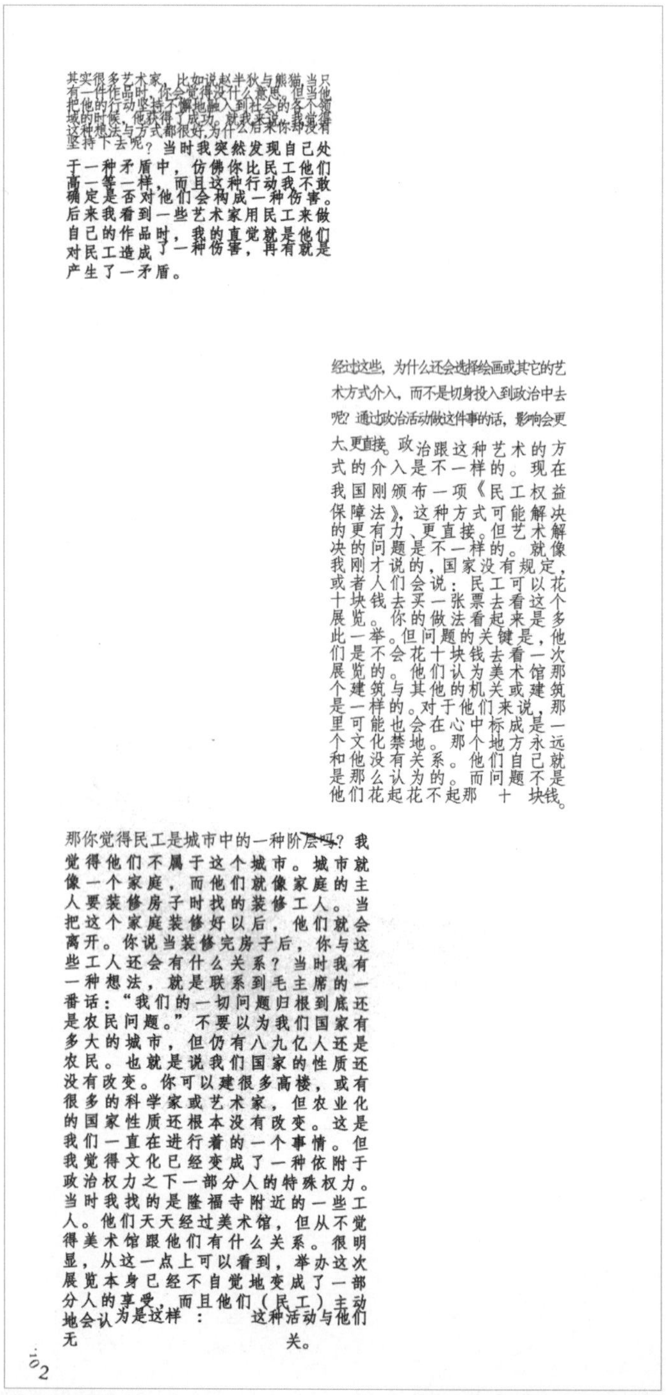

■ 图2-57 《设计:以访谈的名义》 的内页局部。注意图中黑反白的部分,字体应该是仿宋。 仿宋字体的特征之一是横笔画有往右上倾斜的感觉, 所以图中所示在字间距为负值的情况下 (也就是文字有互相侵入的部分) 仍能保持阅读性 ; 如果是一般宋体这么大的密度空间恐怕很难阅读, 因为宋体平直的横笔画会连成一片, 而仿宋的倾斜笔画正好可以避开上述问题。

■ 图2-58 《设计:以访谈的名义》 的内页局部。 访谈部分用行间和字间的调整, 产生对话人情态的变化。 提问人的紧张局促和回答者的自然轻松以及语气变化都有所体现。 这种排版方式是一种有意义的尝试, 它尽可能实践了排版的可能性。

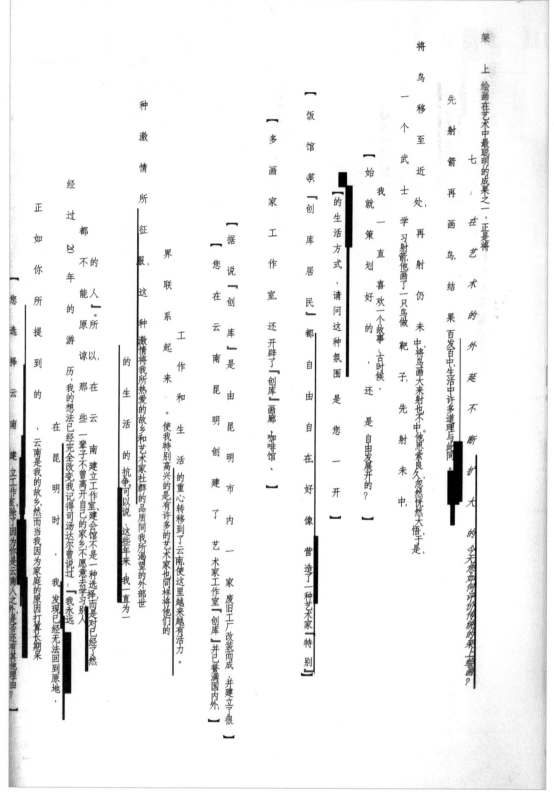

图 2-59 《设计：以访谈的名义》 的内页局部。 利用行间和字间以及竖排的效果营造出一种文学气息， 而旁边粗细不同的黑线产生视觉上的墨迹效果， 仿佛在看一篇书法， 字的运行有张有弛， 如行云流水。 唯一的缺憾是版式与内容没有太多的关联性。

■ 图 2-61 为著名书装设计师朱赢椿在他的新作《设计诗》里运用了许多文字的编排效果。如图 2-60 是诗作《流星与野狗》的版面设计，显现出一种文字的画意效果——地平线上突兀的野狗身影和渐逝的流星。图 2-62 是题为《一小时车程》的诗，文字编排体现特定情境下时间的短暂或漫长，在阅读的过程中唤起情感记忆。

图 2-60

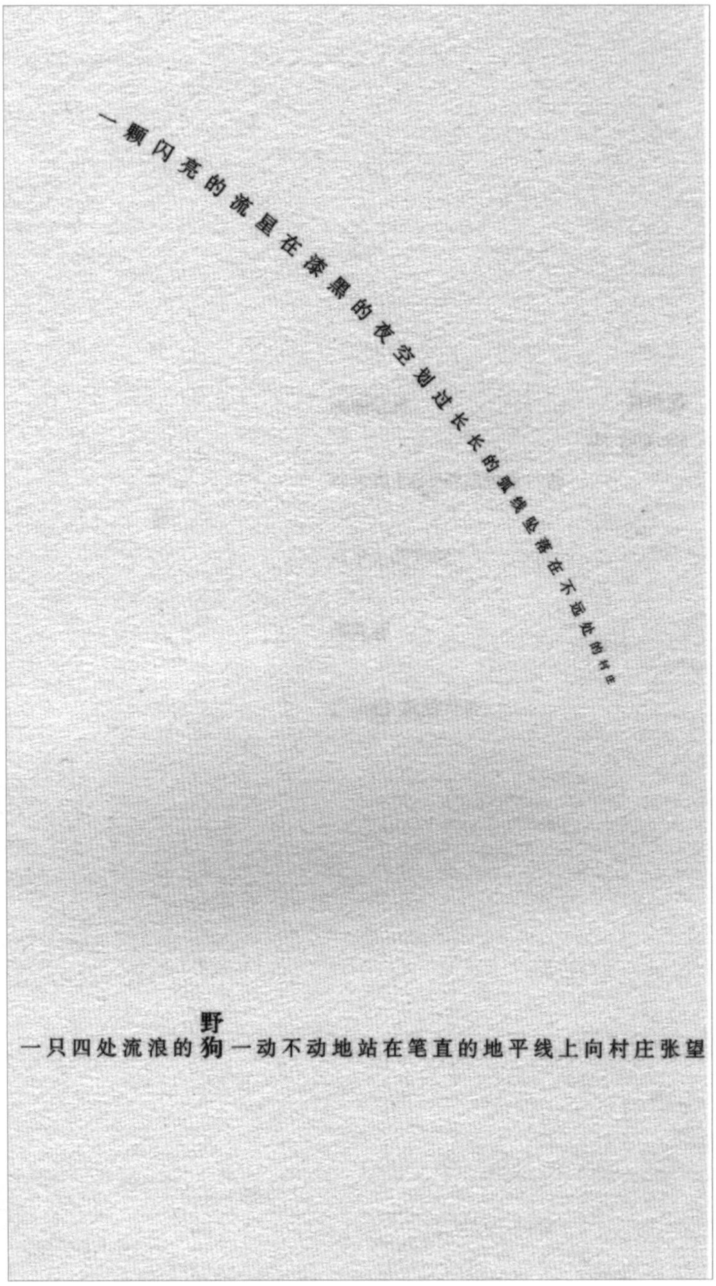

一颗闪亮的流星在漆黑的夜空划过长长的弧线般落在不远处的村庄

野
一只四处流浪的狗一动不动地站在笔直的地平线上向村庄张望

图 2-61

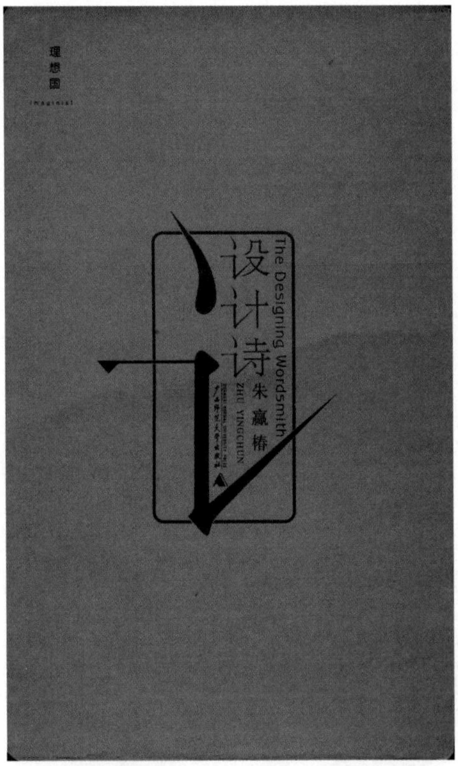

初恋那一天，我送你去车站，我握着你的手，只想还有一小时的车程

分手那一天，我送你去车站，我背对你的背，默　默　不　语　一　小　时　的　车　程

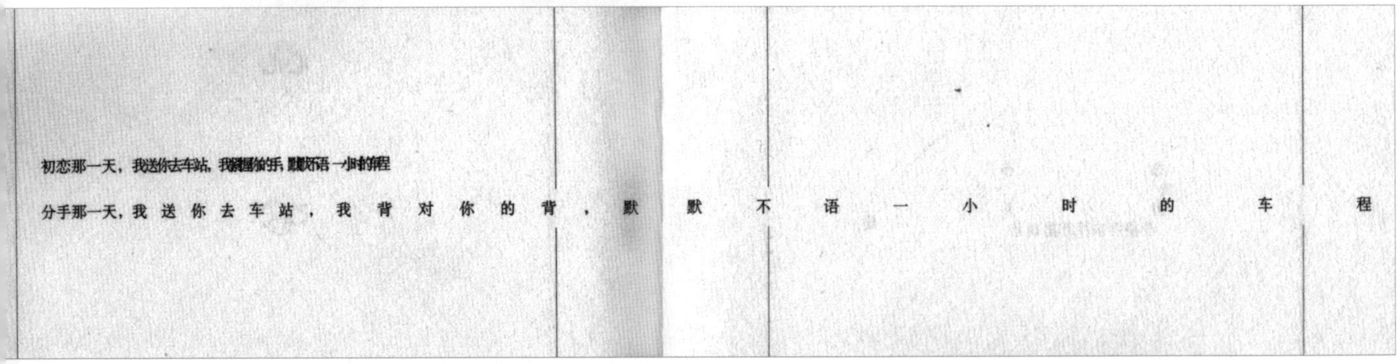

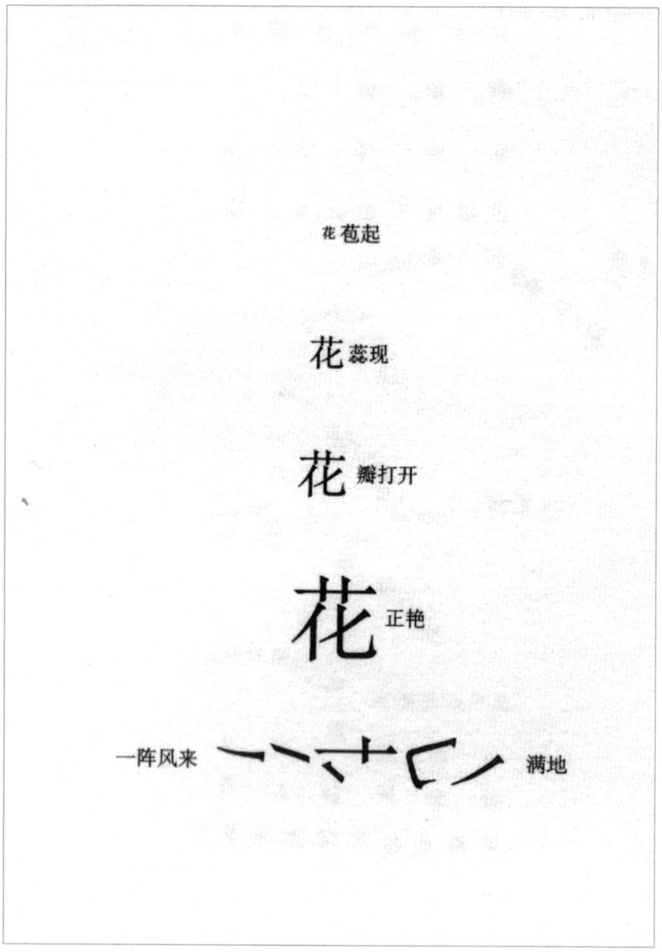

■ 图 2-63 《设计诗》里题为《刹那花开》的一首诗。从花骨朵到花开再到凋零的过程，形象且有诗情画意。提示：汉字的偏旁部首用电脑是可以单打出来的。

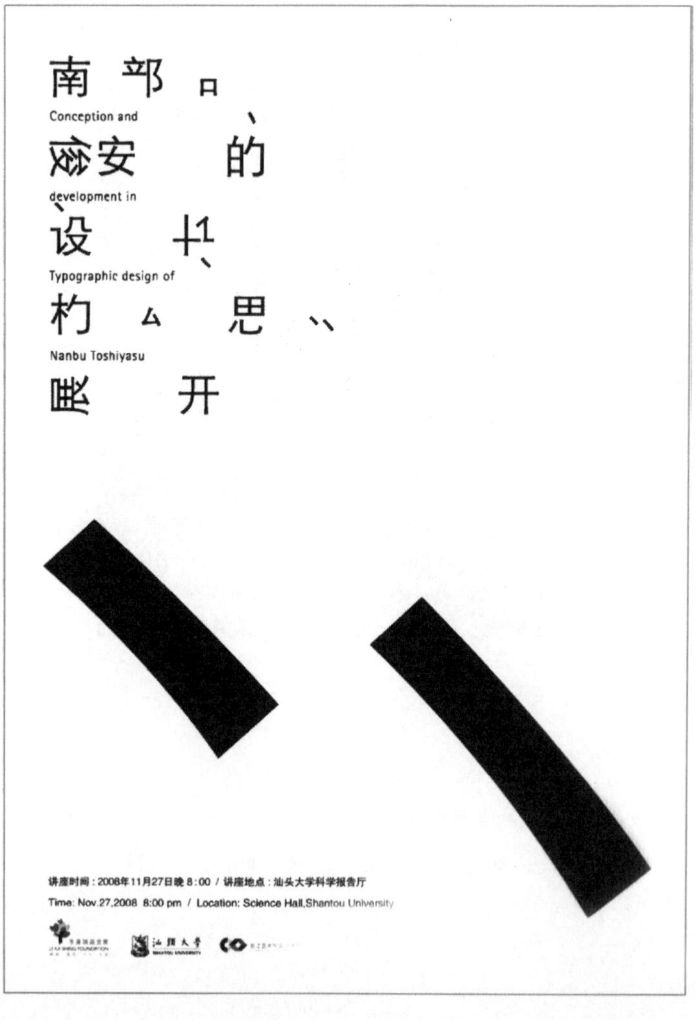

■ 图 2-64 《南部俊安的设计构思展开》的讲座海报。日本著名设计师南部俊安的设计强调东方式的美感，有水墨画的余白和意境，强调文字美感、文字交流。把文字打散意味着展开和重新解构，观者必须费心重组文字内容才能了解题目内容，意喻为展开和重组来解释南部俊安先生的设计构想。

■ 图 2-65 《南部俊安的设计手法》的研究会海报。把手法二字拉伸后重新组合,并配以自然风物,南部俊安先生也许想告诉我们,最好的设计手法就是*师法自然*。

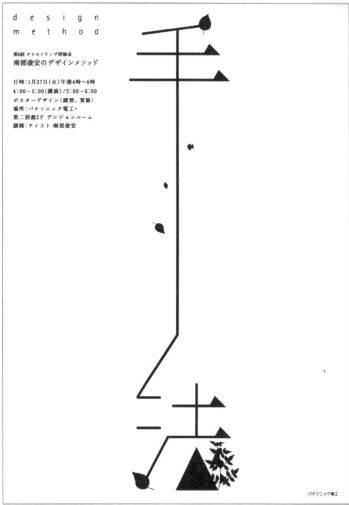

■ 图 2-66 南部俊安先生为 2008 日本平面设计师协会大阪海报展所设计的宣传海报:Osaka in Japan(日本的大阪)。南部俊安先生以日本可以称之为国树的银杏树叶为造型,又施以鱼的特征,强调了日本的传统(渔业国家),Osaka 和 Japan 两字也是以银杏叶造型为元素完成的,可见南部俊安先生具有极丰富的图形语言能力,以及字与图形的处理能力。

3 版面设计的形式法则

3.1 现代平面设计风格形成的缘由

现在的版式设计是源于包豪斯解体后首先在欧美开始风行的国际主义平面风格,国际主义风格与包豪斯和荷兰的"风格派"运动等有密切的关系。包豪斯首先受到俄国十月革命以后俄国构成主义的影响,把结构当成是建筑设计的起点,以此作为建筑表现的中心,这个立场成为世界现代建筑的基本原则。他们利用新材料和新技术来探讨"理性主义",研究建筑空间,采用理性的结构表达方式,对于表现的单纯性,摆脱代表性之后自由的单纯结构和功能的表现进行探索,以结构的表现为最后终结。最早的建筑之一——由弗拉基米尔·塔特林设计的第三国际塔模型(图 3-1),完全体现了构成主义的设计观念。俄国构成主义者高举反艺术的旗帜,避开传统艺术材料,艺术创作来自于现成物,例如木材、金属、照片,或者纸。艺术家的作品经常被视为系统的简化或者抽象化,在所有的文化活动领域,从平面设计到电影和剧场,他们的目标是要通过结合不同的元素以构筑新的现实。俄国的构成主义在艺术上具有极大的突破,并对世界艺术和设计的发展起到很大的促进作用(图 3-2)。但直到 1921 年新经济政策时期,俄国与西方的联系受到政府鼓励,尤其是俄国的一批构成主义设计家到西方旅行和交流,把俄国的构成主义观念和思想带到西方,俄国的构成主义探索才开始被西方所认识,产生了很大震动,特别是对德国产生了很大影响。受此影响,格罗佩斯立即调整了包豪斯的教学方向,抛弃无病呻吟的表现主义艺术方式,转向理性主义,提出不要教堂,只要生活的机器的口号,这是包豪斯自1919年开办以来第一次政策上的重大调整。在设计理论上,包豪斯提出了三个基本观点:

①艺术与技术的新统一。

②设计的目的是人而不是产品。

③设计必须遵循自然与客观的法则来进行。

这些观点对于工业设计的发展起到了积极作用,使现代设计逐步由理想主义走向现实主义,即用理性的、科学的思想来代替艺术上的自我表现和浪漫主义。

风格派正式成立于 1917 年,其核心人物是蒙德里安和凡·杜斯堡。风格派作为一个运动,涉及绘画、雕塑、设计、建筑等诸多领域。风格派从一开始就追求艺术的抽象和简化。它反对个性,排除一切表现成分而探索人类共通的纯精神性表现,即纯抽象:简化物象直至本身的艺术元素。因而,平面、直线、矩形成为艺术中的主要元素,色彩亦减至红黄蓝三原色及黑白灰三色(图 3-3~图 3-5)。艺术以足够的明确、秩序和简洁建立起精确严格的几何风格。风格派的这种艺术特征称为新造型主义。新造型主义被

图 3-1 塔特林设计的第三国际塔模型

图 3-2 俄国构成主义风格海报

解释为一种手段,通过这种手段,自然的丰富多彩就可以压缩为有一定关系的造型表现。艺术成为一种如同数学一样精确地表达宇宙基本特征的直觉手段。从 20 世纪 20 年代开始,风格派成为欧洲前卫艺术先锋。其美学思想渗入各国的绘画、雕塑、建筑、工艺、设计等诸多领域,尤其对现代建筑和设计产生了深远影响。二战前后美国纽约的摩天大楼基本是国际主义风格的典型产物。作为二战前后最重要的平面设计中心之一,瑞士的巴塞尔和苏黎世两个城市对国际主义风格的形成起到重要作用,成为一个设计中心地区,涌现出了像艾米尔·路德、阿明·霍夫曼等重要的平面设计师。瑞士的国际平面设计风格是在 1959 年瑞士出版《新平面设计》杂志时真正形成气候的。这本刊物是瑞士国际主义平面设计风格的基本阵地、中心和发源地,在平面设计史上具有重要的作用和意义。20 世纪 50 年代开始达到高峰期且具有国际主义风格的平面设计的无衬线字体的发展及广泛采用,已具有高度的、毫无掩饰的视觉传达效果。1954 年,在巴黎工作的瑞士平面设计家阿德里安·弗鲁提格创造了一套共有 21 个不同大小字号的新无衬线体,称为 Univers 体(通用体)。50 年代初期,阿明·霍夫曼和另外一个瑞士设计家马克斯·梅丁格合作创造出 Helvetica 体,最初叫 New Haas Grotesk 体,后改名为 Helvetica 体(赫尔维提加体)。这种字体设计得非常完美,因此成为 20 世纪 50～70 年代最流行的字体。

图 3-3 风格派样式的室内设计

图 3-4 风格派绘画

图 3-5 红蓝椅是风格派的典型作品,在艺术史上人们难以找到一件与此相媲美的作品,能如此完美地体现一种艺术理论。它由机制木条和层压板构成,13 根木条相互垂直,形成了基本的结构空间,各个构件间用螺钉紧固搭接而不用榫接,以免破坏构件的完整性。椅的靠背为红色,坐垫为蓝色,木条漆成黑色。木条的端部漆成黄色,以表示木条只是连续延伸构件中的一个片断而已。

3.2 现代版式的形式——骨骼法

国际主义风格影响下的平面设计形成的特点是力图通过网格结构和近乎标准化的版面公式达到设计上的统一性，形成一种叫骨骼排版法(或称为网格)的方法：版面进行标准化分割，把照片、插图、字体按照划分的骨骼编排其中，取消装饰，采用朴素的无衬线装饰字体和非对称排版方式。特点是高度功能化、标准化、系统化、国际化。

图 3-6 跨页图是著名版式设计家汉斯·鲁道夫·卢茨 (Hans Rudolf Lutz, 1939-1998) 以加拿大地方报纸 *EDMONTON JOURNAL* 为内容，把报纸各个版面的文字除去只留下视觉信息所做成的一本书(1978 年)。只有视觉信息的书让人产生一种不一样的认知感受，试图强调从视觉传达的角度形成 typography 的作用。从图中可以看出典型的骨骼排版方式。由于深受国际主义风格影响，报纸排版有极其清晰的网格效果，从图中可以看出当时的排版很多都有文章的外框，当然现在排版已经很少用分割文章的外框线了。但是正是这种文章的边界线的视觉信息让我们很清楚地理解网格效果，也就是所说的骨骼排版法。现在的报纸、杂志仍然用这种骨骼排版方法，因为它切实有效的分区，使得阅读者便于寻找情报和分类情报，这种极具秩序感的排版方法，直到今天仍然是一种主流排版方式。

图 3-6

在骨骼排版法当中骨骼线或网格线在实际排版应用中相当有效。现在的电脑软件排版，在具体排版过程当中使用辅助线是非常方便的，在 Adobe 软件当中工作面在显示标尺情况下，从外围边框可以无限拉出辅助线，当然在实际印刷和打印时是看不到辅助线的，它只存在于电脑画面。如图 3-7 在 Adobe 软件中上边目录框中选中视图 (右图红圈显示)，并拉出菜单选中显示标尺后如图显示外框有标尺出现，随后就可以在外框标尺显示处任意拉出辅助线 (图中蓝色线)。

我们在实际排版过程中不得不考虑全面的图文位置，而作为划分位置的骨线设置在什么位置最好呢？日本设计师朝仓直己先生在其所著《艺术·设计的平面构成》当中对平面的分割方法进行了研究。如图 3-8 所示，通过正方形外边的二等分点、三等分点、四等分点之分割线进行选择以后分割，共组成 175 种形式 (本图只是其中 90 种)，当然选择的等分点越多样式也越多，而正方形的等分点所分割的图形都比较接近黄金分割的比例点，理论上讲以此分割线作为版式分割的话应该是比较合适的，有秩序感，不会出大偏差。现在学生进行设计大部分是直接在电脑上对图文进行配置编排，很少有人画草图，更少有人注意分割比例关系。作为初学者，先设置好大致的比例关系，再进行版式元素的分配和整理，无疑会起到事半功倍的效果 (图 3-9)。骨骼排版法的根本

图 3-7

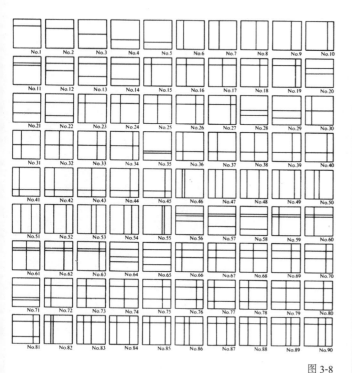

图 3-8

图 3-9

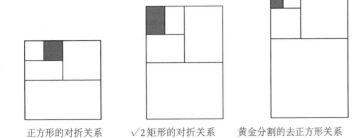

| 正方形的对折关系 | √2矩形的对折关系 | 黄金分割的去正方形关系 |

图 3-10

在于它所形成的秩序感,从人类的原始美术元素就可以看到对秩序感的表现。贡布里希爵士在他的著作《秩序感——装饰艺术的心理学研究》一书就有过精辟阐述。他认为秩序感是源于人类原始的遗传基因,是人与生俱来的能力。现今出土的原始陶器上的抽象几何纹样,诸如二方连续、三方连续的图案,等边三角形,纯圆形、螺旋形等几何图案在自然界里并非自然存在,原始人对抽象几何造型的把握是源于天生的秩序感需求。秩序感在人类文明当中产生过许多创造性发现,比如古埃及的黄金分割比例以及现代的分形理论。例如为什么现在的大部分显示器的纵长比例关系是 16∶9。这种比例关系就非常接近黄金分割比,而且与我们人类视角极限的宽高比基本吻合。所以凡是秩序感的比例分割关系都可以使我们自然产生生理上的审美愉悦感,也就适合作为版式设计的基本元素。

版式设计最终成为印刷品的居多,那么印刷的版面尺寸无外乎 A0~A4。而日常最常用的 A4 的长宽比是 $\sqrt{2}$,也就是 1:1.414(图 3-10),是日常生活中最常用的一种比例关系,它在无限对折或无限翻倍后的比例关系永远是 $\sqrt{2}$,所以从日常的制造以及使用方便来讲,超过正方形和黄金矩形。鉴于 $\sqrt{2}$ 的矩形极强的泛用性,它被称为仅次于黄金比的白银比。所以 A4 多次对折后形成的网格线就是很好的骨骼排版线。

在版式设计当中适当的比例关系的重要性已经不言而喻,我们在学构成设计时其实已经很好地解决了比例关系的认识理解问题,所以说构成学知识扎实的同学学习版式的比例分割关系就应该没有问题。

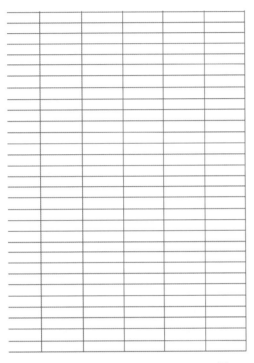

图 3-11

图 3-9 是荷兰一间夜间学校的新学期课程海报,等宽的黑线区分了情报内容,等比拉大上下黑线的距离使黑短线形成不同比例关系的韵律效果,自然而有秩序的视觉效果极具美感。我们把图 3-9 的上图做个骨骼线分析(图 3-11),从中可以看到竖排骨骼线都是等宽的,而横排的骨骼线是等高的,其实简单之极,骨骼线只有两种变量。我们再把上图的骨骼线放到图 3-12 上,相关元素竟然几乎都在骨骼线上。这个比较告诉我们,使用骨骼线是非常行之有效的排版方法,有秩序的骨骼线是排版的根本。

图 3-13 是安索尼·弗洛夏克所著《字体演绎准则》(*Typographic Norms*)(1964 年)中的折页部分,实验正方形和矩形在构成式比例关系中的视觉相似性。其实他所实验的是文字在排版时的视觉效果,文字在点、线、面状态下的视觉均衡性、秩序性。当然这是 1964 年出版的书籍,作为版式设计的前辈,他不断尝试 typography 的可能性。作为后人的我们更应该像前辈那样真正从实验角度出发,不断以试行错误的过程来完善各种版式编排上的可能性。

图 3-12

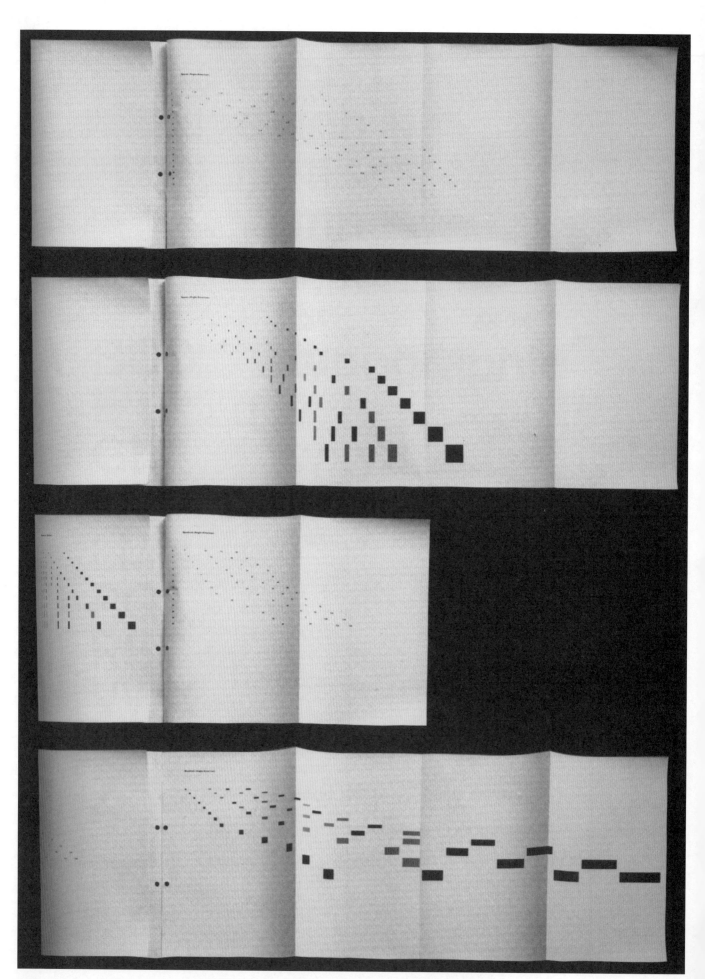

图 3-13

3.3 版式构成中的点、线、面

我们说版式的基本形式之一为骨骼线，那么构成中有关点、线、面的问题在版式中是同样适用的。点移动成线，线移动成面，面再移动则成为体。图 3-14 为杂志《视觉语言为法文文字的趋势》封面。页面分散着非常小的文字、字母，几乎和背景底纹相混淆，黑底反白字带形成有趣的线。它虽为 1978 年所设计，即使从现在的视角来看，仍不失为一幅俊秀之作。

图 3-15 是杉浦康平先生为村上龙的小说《无限接近透明的蓝色》所做的报纸广告。用大号斜体加斜垂直的排法产生主题声音化的效果，大文字加上插图的头部产生有秩序的点状排列，横竖排版的内容简介穿插在大文字之间巧妙弥补留白，而且形成大文字间的重力线效果，竖排小文字造成大文字的失重感，横排小文字又承托了这种失重感，在矛盾中产生强烈对比效果。

图 3-16 是 typography 杂志 TM 的封面，用大小不同的正方形与黑色背景形成强烈反差，由大到小的排列顺序强调节奏感和自然视觉愉悦感。正方形和细线形成行进中的节奏感，画面简洁明快。图 3-16 和图 3-17 都是 1955—1956 年的设计，从早期 typography 专业杂志的设计可以体验到，它不光是对文字配置进行研究，还对图像与文字进行合理匹配。把抽象含义的文字可视化和物化，把文字作为设计条件、来使用，用文字进行疏密编排，使其有点变线以及线变面等视觉的变化，形成变相的图地关系，亦图亦地，使文字具有两种属性：作为抽象文字的释义性和作为物质图像的可视审美性。

图 3-14

图 3-15

图 3-18 是典型的 typography 实验作品，按字母 i – il – fil – film 顺序做成四张图，点线面的效果明确，文字图像化，进行动感研究，使用不同字体促成远近效果，成为带有空间效果的运动字体。早期的 typography 在没有电脑的情况下进行各种可行性的实践，靠的是硬功夫。今天电脑软件已成为修饰设计不足的手段。我们应该去伪存真，从实践中学好版式设计。

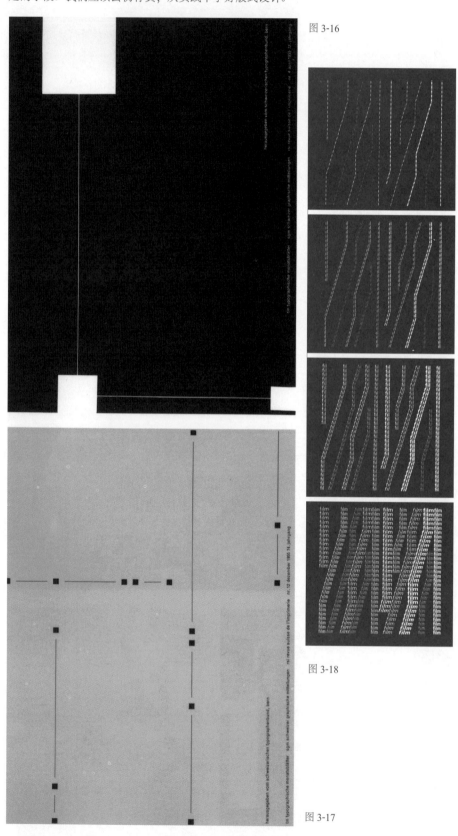

图 3-16

图 3-18

图 3-17

日本设计届的一匹黑马——佐藤可士和，他的设计被评价为：失衡前的 0.1 秒。他自由穿越艺术与设计之间，用重复、并置、渐变等手法，用率直且精准的唐突来营造一种别人难以模仿的失控前的平衡。他的作品大量表现对 typography 的探索，被评论为美国风格的日本设计。他的 typography 表现永远有不想遵循传统，避免循规蹈矩，且特立独行的运作系统。佐藤可士和说过，他在主观和客观的夹缝里的不知所措当中求得绝妙的平衡点。图 3-19 是为题为《五种生存方式》的电影所设计的海报，图 3-20 是海报放大的局部，把电影中演职人员的名字进行 typography 式的处理，使用方法极其复杂，集合了点、线、面的所有元素，采用

图 3-19

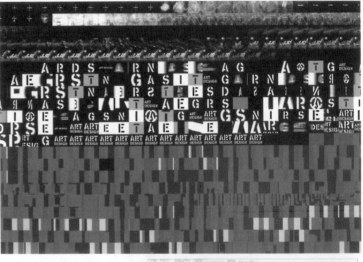

图 3-22

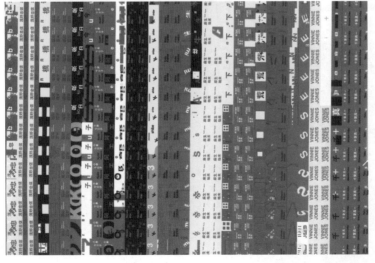

图 3-20

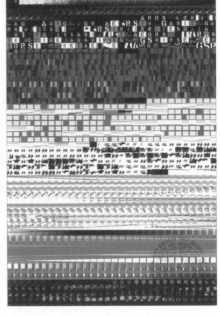

图 3-21

穿插、连续、复制、重叠等诸多手段。我们不能不惊叹他对如此复杂构成的控制能力，从而完成失控前的平衡秩序感。图 3-21 是题为《艺术设计》的海报，海报中有许多"Art Design"字样的 typography 效果以及轰炸机空爆场面的连续拍摄的照片，构成复杂空间，强调艺术的多样性。图 3-22 为它的局部放大图，typography 讲究的变化效果和细密的组织排列方式让人叹为观止。

佐藤可士和告诉我们：你的客观观察能力有多少，决定你作为一个设计师的能力就有多少。他的作品极具个性色彩，但是他更强调从客观的角度观察事物，所以他的设计作品不光是失去平衡前 0.1 秒，更是 100% 遵循客户的需要。图 3-23 是为保健饮料体质水所做的包装设计，体质水是对花粉症等有效的乳酸菌饮料。由于无法当药用品宣传，品牌战略是在 24 小时店里可以买到的休闲汉方饮料，所以其设计模仿汉方药的包装，字体设计故意显得不精准，像旧上海火柴盒上的印字一般（图 3-24），显得有人情味，有极妙的视觉印象，让人过目不忘。图 3-25 海报是为 2005 年夏季的服装秀所做：普通的 text 文本，解体 typography 连续重复，逐个改变字体大小，但是视觉效果出类拔萃。图 3-26 是为 Microsoft Office 所做的界面设计，用放大电脑像素为元素设计字体，构思绝妙。

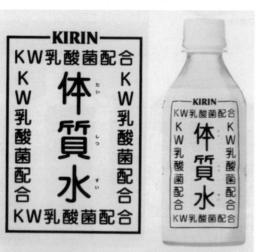

图 3-23

图 3-24

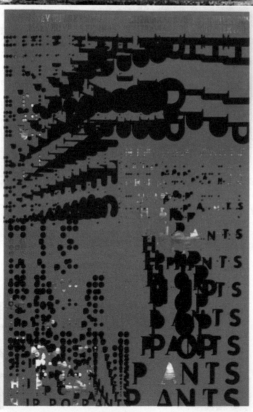

图 3-25

图 3-26

图 3-27

佐藤可士和喜欢手绘 typography，他在博报堂工作期间，有大量 typography 的手绘广告，图 3-27 就是他即兴绘制的草图。他喜欢以绘制的方法找寻灵感。图 3-28 是其为石田衣良所著小说《掌心的迷路》所作的封面设计。作者要求有日常不留神迷路的感受。佐藤可士和在餐巾纸上直接用自来水笔一气呵成有诗一般的迷茫字体。图 3-29 是其为林真里子的作品《像牛奶一样》(*Milky*)的装帧。书名 *Milky* 用日语外来语的片假名拼成，佐藤可士和直接用牛奶手写在黑色纸上，照相制版后把黑色换成粉色。由于是少女文学，所以其名与意可谓相得益彰。图 3-30 书名为《败犬的咆哮》，讲述的是剩女的心理境况，暗色插图和阴湿气重的书写名，表现剩女的毒舌心态。图 3-31 名为《时间旅行展》的海报，用扁长字体，从上至下逐渐把字的内腔填充颜色，最后把全部字体填充以形成飞逝而过的视觉残影，很好地诠释了海报的主题。

图 3-31

图 3-30

图 3-29

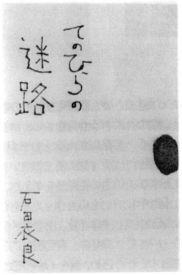

图 3-28

3.4 版式设计构成的分类
3.4.1 分类

版式设计中我们强调情报的分类整理，前面已讲过易读性的问题，组版中情报分类是影响易读性的重要问题之一。对于阅读者来讲，迅速摄取情报很重要。不能让读者在版面上找来找去，不知所措。所以版式设计最初把相似的要素排列到一起是很有必要的，要引领读者的视线，把情报要素排列到读者常规阅读习惯所形成的视线点上。例如，我们习惯从左至右、从上至下地阅读，那么从阅读习惯的视觉移动顺序来讲，是从阅读页面的左上依次移动到右下。无论报纸还是杂志，左上角为重要的标题等位置，如图3-32为知名的《泰晤士报》和《中国光明日报》的网页版。我们对设计内容的分类也遵循日常阅读习惯，分类当中包含许多方面，比如相似的图像内容、相似形状、相似尺寸、相似颜色等。适当的归类整理可以避免版面的混乱繁杂等现象。图3-33是美国著名的《时代周刊》杂志，邀请著名设计师为其设计。这种新闻政论性杂志，注重设计，以情报为线索，把枯燥的数据、文件归类整理，采用图表等方

图3-32

图3-33

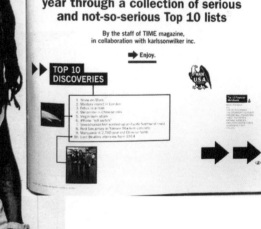
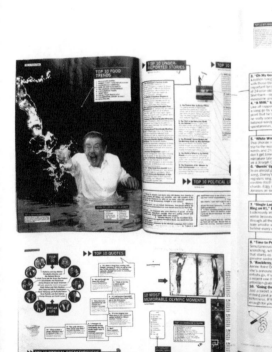

法对情报进行注释、引导，便于阅读理解。版面设计一反《时代周刊》过去风格，显得清新、前卫。

对于分类，我们要从所使用的设计元素着手，比较、整理、归类。下面的三张杂志内页（图3-34～图3-36）就很能说明分类的重要性。在明确骨骼线的作用后，对画面进行分区，不同区域的内容又以颜色、大小、内容等归类，同一分区内又出现几组视觉效果不同的小区域，这样整体很清晰、干净，情报检索容易。

图 3-34

图 3-35

图 3-36

图 3-39

图 3-38

分类过程中利用现有素材进行分类是我们通常使用的手段之一，但是现有素材不能满足分类需求时，自我创新就很重要。比如图 3-37，单纯的文字版面没有更多的素材作为版面的视觉引导元素，设计师首先把文字分开成组，其次形成横排文字段高低错落的视觉效果，但是竖排方向严格把文字组放入等宽骨骼线中，形成左边对齐右边自然回行，显得自然且有秩序感。各段文字又以手绘的曲线把头尾文字相连，形成视觉检索顺序。这样的纯文本排版没有呆板、枯燥的感觉，显得俏皮又有趣。图 3-38、图 3-39 是杉浦康平先生为某杂志所设计的封面，内容有大量的文字介绍，用横、竖排的文字区分了不同内容的信息，而且用特大号字体标出内容的关键字，便于检索内容。用略有不同的大小字号，以及行间距形成视觉上的疏密关系，强调了分区视觉上的不同。杉浦康平先生对文字的娴熟处理显示了他的设计功底。我们可以从大师身上借鉴到许多文字处理的技巧和修养。

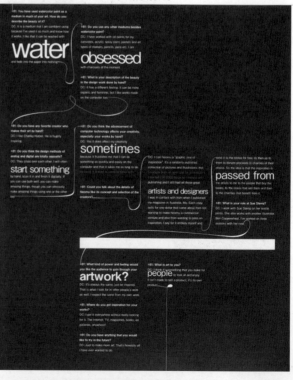

图 3-37

图 3-40

3.4.2 对齐

对齐也许有人认为是非常简单的问题，从字面意义上来讲也许如此。在版式设计中对齐是决定版式秩序感的基础问题。对齐是一个不太引人注目的细节，因此我们很多同学并没有注意到。但是版面的整洁、利索其实很多时候都和对齐有关。在版式设计中各个元素外围轮廓线之间都有一条看不见，但又实际存在的基准线。人的秩序感是与生俱来的，人们在观察事物时会不自觉、下意识地寻找与秩序感相关的元素。一个混乱的环境、一个杂乱的办公室都是会让人抓狂的。所以我们进行版式设计处理各个元素间的状态时，对齐就是它最基础的应有状态之一。

美国著名设计师罗彬·威廉姆斯在她的《写给大家看的设计书》当中就举到这样一个非对齐例子，见图 3-40，图 3-41 是对齐改正后的图。对齐没有技巧，只是一种习惯，作为学生相关训练少，所以更要养成好习惯，这种对齐的基础训练是非常必要的，也是行之有效的。原图有 10 处未对齐的地方，如果没找到全部 10 处的话，证明对对齐还是不太敏感，还需要进一步训练才行！

图 3-41

图 3-42

图 3-43

图 3-44

图 3-42～图 3-45 是著名设计师 Michael C. Place 的平面作品，他的设计极其关注细节和 typography 的应用。他对细节的关注促使他的作品有一种被强调的精准效果，他的设计作品如同是用千分尺制作的一样精准、绝伦。他对自己的作品的评价是：要么是极简的，要么是彻底进行细节塑造的。从图 3-42 到图 3-45 可以看出他采用的特殊字体，极尽简化，字的字腔空白处被挤压得几乎只剩一个点，字的凸凹也只是一个点。这种字体又使他设计的画面产生绝对的横平竖直关系，不管是图像元素还是文字元素，都是在近乎苛刻的网格线上精准出现，字间行间都极尽所能缩小到极限。这种绝对化的对齐风格形成一种个性化特征，这种精准美使观赏者产生不可名状的视觉愉悦感。用一句话概括就是：对齐也是一种设计实力。

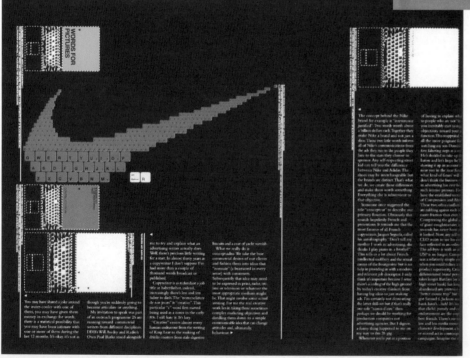

图 3-45

国外某著名设计师说过一句话：对设计来讲，细节非常重要。而大部分学生最容易忽略的就是细节，对待细节会采取一带而过的态度。而一个真正的设计师是不会放弃细节的，有时细节才是真正决定成效的关键点。现代设计简约为美的思潮当中，简约不等于简单，就像苹果产品一样：铝合金的极简主义外形，绝对直角的转角，让人甚至怀疑会割到手。这就是苹果精神，尽善尽美毫不妥协。这种对细节的关注注定苹果成功。

Michael C．Place曾经说过，作品的细节才具有他真正的个人印迹。他所有的作品都是自己手绘若干张草图里衍化出来的，绝不会一开始就坐在电脑前把图或文字摆来摆去地构图（图3-46～图3-48）。作为学生，就设计细节中简单的对齐来讲，也不是简单地在电脑前对齐，它应该是在自己的设计构成当中逐渐完成的，是设计过程的一部分。

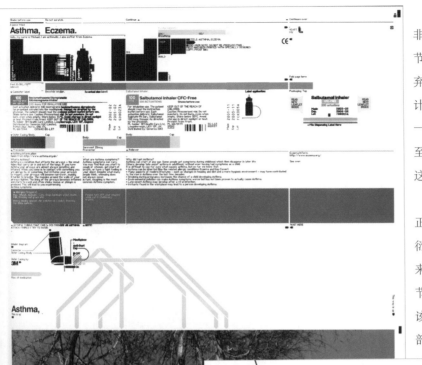

图 3-46

图 3-47

图 3-48

3.4.3 对比

版式设计中的对比是一种增加画面效果的方法。对比与分类不同的是：分类是把类似的元素聚合在一起，而对比却是把相近的变为不同，不同的变得更不同，拉大两者之间的反差以求得强烈的对比效果。对比不能畏缩，要大胆要强烈。对比关系可以是字的大小、字体的不同，图形颜色的反差、冷暖色、字的间距、行间距的大小，垂直、水平、倾角等的对比。对比关系小的元素要加大对比力度，要想对比有效，就必须使其效果强烈。下面几幅作品(图3-49～图3-51)都是很好地运用了对比的手法形成typography式样的版式，有文字的质感对比，黑白、大小、字体、字间行距的疏密对比，以及有机无机的对比，无机质非衬线体的清晰轮廓线和背景有机的无规则色块的对比，都形成视觉冲击点。

图 3-49

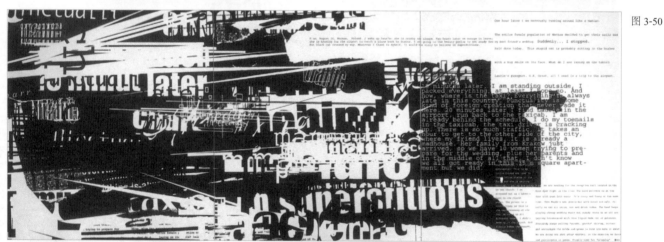

图 3-50

图 3-51

伊朗设计师瑞泽·阿拜帝尼的设计作品可能是受到大学时油画专业的影响，手绘效果的构图居多。图3-52为他在瑞士举办的个人海报展的海报，图3-53是为一位画家的油画展做的海报，图3-54是阿拜帝尼海报展中的海报。他的作品对比强烈，手写的阿拉伯文几乎出现在所有作品中，带有极强民族色彩。作品注重typography的运用，形成独特作品风格，有强烈的形式语言和呼之欲出的倾诉感。

图 3-53

图 3-52

图 3-54

图 3-55

图 3-56

图 3-57

图 3-55 为英国 100 强之一设计师马里恩·德查丝为知名的《卫报》所做的关于麦当劳的版式设计，规则方正的文字块和底边有机物的剪影形成视觉对比，中间巨大的可爱引号给予版面活泼感，细体的巨大衬线体标题醒目独特。她的作品被誉为完美形式的格式塔。马丁·伍迪是瑞士著名设计师，他对电脑的娴熟、快速的运用不亚于用纸和铅笔。图 3-56 是其为苏黎世博物馆所设计的海报。颜色近似互补色的对比以及背景具有波普艺术般放射状爆炸云块，画面对比强烈，充满个人风格。图 3-57 是其为实验电影的电影节所作的宣传海报，强烈炫目的色彩条和翻转颜色的文字，把电影节的特性表现无遗。版式设计中的对比关系是直接形成版式设计特性的关键点，它是版式出彩的必要形式，对比的娴熟应用对于我们学生来讲是必要的专业训练。

3.4.4 一致

作为版式设计，尤其是内容量超过1页以上时，为保证视觉形式的统一性，适当保持一致性可以避免阅读时的识别问题，从阅读角度来讲也可以起到很好的引导作用。在进行多页同一内容版式设计时，设定统一性视觉系统，比如标题字体、字号的统一，设置边距和分栏的数量统一，局部内容的连贯性，局部格式空间关系，项目符号等，每页观后的视觉残像中与看到下一页面的内容有一致性元素，那么视觉的连贯性和统一性就实现了。图3-58完全不同内容的页面，利用页边距的空白处加上章节标题和内容简介使整体内容形成一致性。图3-59以二级标题的统一字体、字号、分栏数目、细黑框的重要信息，以及统一粉色背景等，强调一致性。图3-60以夸张化的巨大页码数字形成连贯性视点，版式网格线的同式样，同样横长分割线，圆形黑反白的小标题等，增强了一致性的效果。

图 3-58

图 3-59

图 3-60

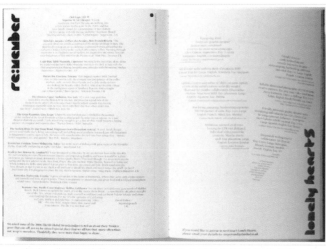 

图 3-61

文森·弗罗斯特曾是伦敦五角设计公司最年轻的艺术总监，获国际奖项无数。图 3-61 和图 3-62 为艺术类杂志 Ampersand 的设计，封面挖空的图形同样出现在内页，或以文本形式出现。以文章关键词的字体设计形成统一要素。组成字体的基本元素为1/4圆形，形成极其有趣的字体风格，贯穿杂志的始终。利用作为字体设计要素的1/4圆形和未结束段落结尾的逗号，利用双1/4圆形作为文章的引号等，形成极具设计风格的样式。因为是艺术类杂志，文本的编排也充满艺术气息：段落为左对齐而右边以自动回行的方式设定，形成自然锯齿状边缘。为避免照片方块状图形重复出现的僵硬问题，让局部文本插入照片，或把照片个别方角改为圆角。内文需要设计字体的部分也会随之改变，或着颜色或有透明关系等。设计中既保持了设计的一致性要素，又很好地进行了差异化调整，自然、秩序、艺术，有设计感。

图 3-62

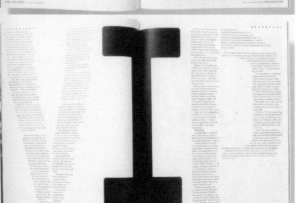

图 3-64

图 3-63 是文森·弗罗斯特设计的作品集内页文字部分，用红色字体统一，类似字首下沉式设置的巨大图形、字母和惊叹号等，形成文森·弗罗斯特式风格，具有极大震撼力。图 3-64 为杂志 *Zembla* 的设计，且具有文森·弗罗斯特式风格的 typography 样式：巨大的词组风格形成强有力的视觉冲击力，而这种巨大的字词设计贯穿始终，同样起到很好的统一性和一致性。但由于不是单纯的重复，这种一致性具有极强设计风味，形成一致性的同时却又有差异化。

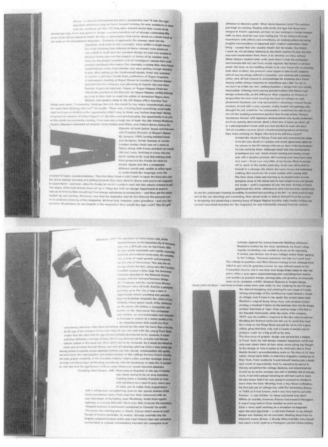

图 3-63

3.5 版式设计的排版规则

在排版过程中由于文化、地域的不同,不同国家都有各具特色的排版规则。我们中国亦如此,虽然排版是按照惯例使用标点符号,但组版规则是不同的。

中文的排版规矩是:

①每一段落开头空两格全角汉字的位置。段落间除非有上下文意思的大转折大跳跃,否则尽量不要有空行。段内换行应为软回车,即不按回车键的自然换行;另起一段应为硬回车,即按回车键产生的分段。

②文章内如果分章节,一般采用汉字一、二、三、四……标识,也可用阿拉伯数字,只要全篇前后一致即可。小标题和章节数及文章写作日期也要空两格全角汉字的位置,并和上下文适当分行。

③规范使用标点符号。标点符号一律为全角符号,占用一个汉字的位置。行首除了双引号、单引号、书名号、单括号、破折号,请勿使用其他标点符号。

④数字和英文字母一律为半角。

外文大小写的排版规则:

①每个段落的段首字母、每句话的句首字母均用大写字母,人称代词I永远是大写。

②人名中的姓、名的首字母应大写。

③地名、建筑物名称、朝代名称中属专有名词部分,其首字母应大写。

④国家、国际组织、国际会议、条例、文件、机关、党派、团体以及学校等名称,其首字母应大写。

⑤参考文献表中的篇名的首词首字母应大写,其余字母一律小写。

⑥报纸、书刊名称中的实词首字母应大写(缩写词亦同)。

⑦为了突出主题,有时,书刊的标题、章节名称等也可全部用大写字母表示。

对于中文的组版规则我们已清楚,那么我们着重讲一讲欧文的组版规则。

3.5.1 字首下沉

文章最初的段落字首字母加大下沉以示区别。从第二段开始,段落开头空一个全角空格。而新起一章时第一段不再空格,为齐头,第二段开始同样字首空一格。一般规律上来讲字首下沉一页只出现一次,但是作为设计来讲,创新意味着打破规律。图3-65页面中许多段落出现字首下沉,为大段文字中产生愉悦感起到点缀作用,避免了长文的呆板视觉效果。图3-66的字首下沉已经完

图3-

图3-67

版式规则：a、字首下沉，文章最初的段落字首字母加大下沉以示区别。从第二段开始，段落开头空一个全角空格。而新起一章是第一段不再空格，为齐头，第二段开始同样字首空一格。一般规律上来讲字首下沉一页只出现一次。但是作为设计来讲，创新意味着打破规律，图3-65页面中许多段落出现字首下沉，为大段文字中产生愉悦感起到点缀作用，避免长文的呆板视觉效果。图3-66的字首下沉已经完全独立于文本之外，而成为全文的独特风景线，是打破常规的创新之举。图3-67杉浦康平先生的作品，其文体也有类似字首下沉的设计，只不过杉浦康平先生使用的是一些关键词，为非段落字首部分。全独立于文本之外，而成为全文的独特风景线，是打破常规的创新之举。图3-67杉浦康平先生的作品，其文体也有类似字首下沉的设计，只不过杉浦康平先生使用的是一些关键词，为非段落字首部分。版式的字首下沉虽然是欧文排版的一种方式，但是作为中文排版也并非不能用，现在排版自由度较高的杂志等都可以利用字首下沉来达到设计的排版目的。例如图3-68就是字首下沉的效果。图3-69在InDesign里，在段落样式选项里字首下沉和嵌套样式中，字首下沉的行数定为2，字数为1，点按新建嵌套样式就完成了简单的字首下沉。在欧文版式里，从第二自然段开始字首缩进空一格，跟中国的空两格作用一致。但是作为版式设计来讲，不一定要刻板遵循版式规律，因为有些自然段短而且数量多的情况下，每段都空格的话左右会显得不整齐。比如图3-70的排版，完全没有段落区分，不空格，反而新颖。在特定设计需求下，适当突破版式规矩也是必要的。版式是需要我们大胆创新的。当然版式设计也要顾忌内容的需要，如果是理论著作、论文等严谨内容的，就需要我们遵循版式的规则，认真做到严格有序，不能特立独行。

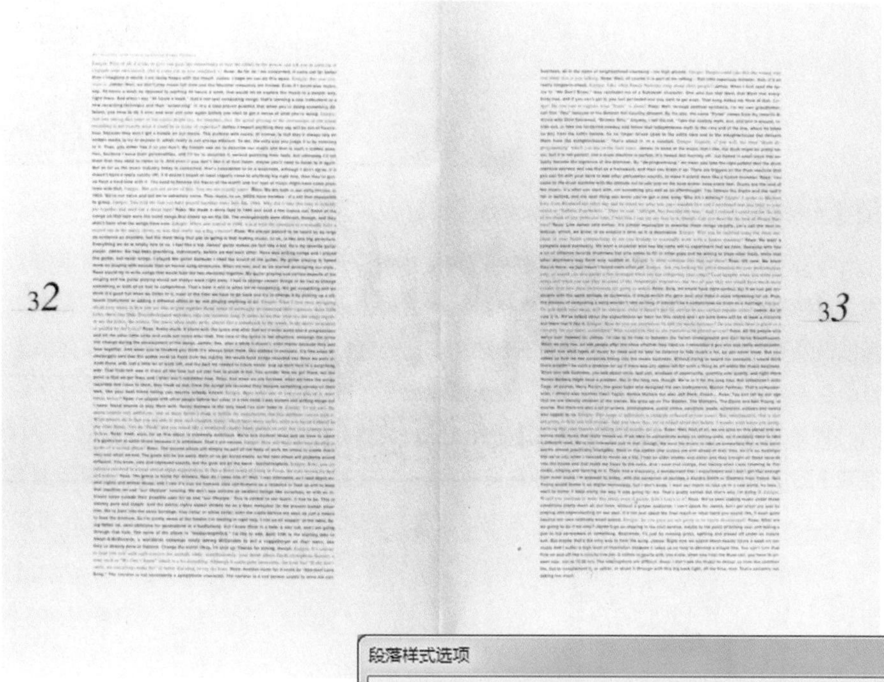

图 3-68

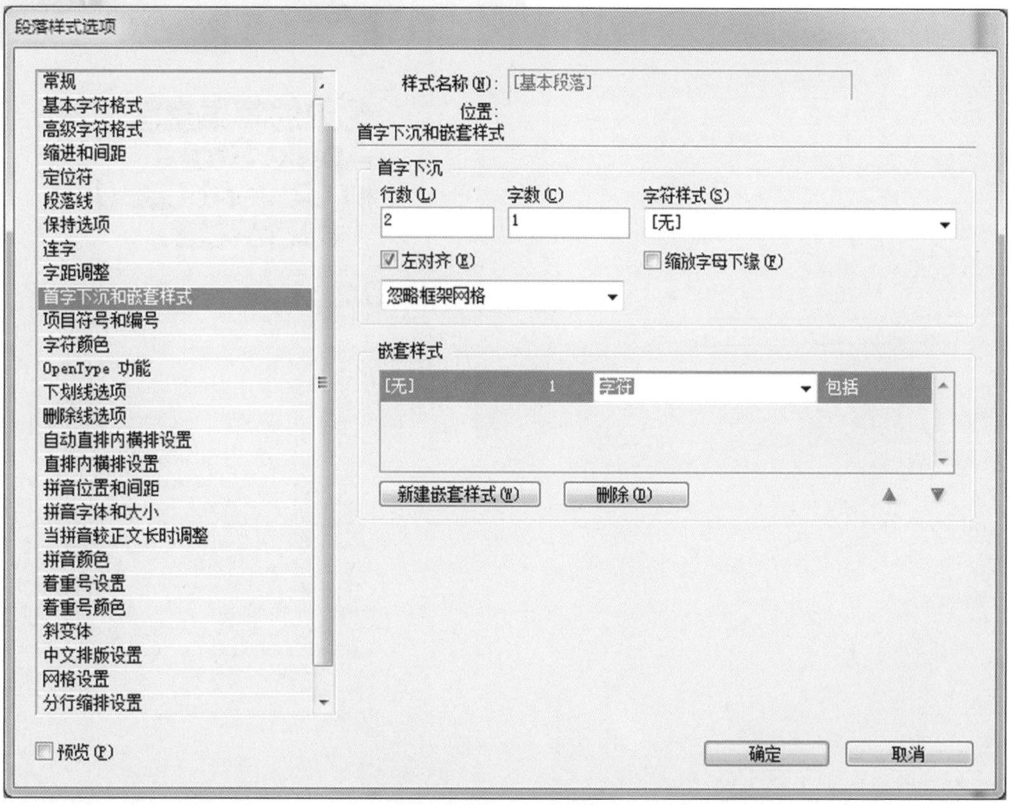

图 3-69

图 3-70

3.5.2 灵活运用副标题、引言、小标题、注文、署名行

一篇文章中大标题只有一个，所以对大标题的设计处理只能对一页内容起到画龙点睛的作用，剩余的大段文字就要由副标题、引言、小标题、署名等进行关联性配置和情报分区。副标题在文本中起大标题和文本的注释性桥梁作用。引言是在杂志中常用的一种版式方法，起到引导视线和分割文本的作用。引言可以从文本直接引用，或者概括摘录。小标题可以分割长文，并且可以表述被分割内容的大概意思，可以使不想通篇阅读的读者通过阅读小标题而选择断章取义的方式阅读想看的段落。注文是文章的补充或与文本相关但需独立表述的部分，其特点为短小精悍，把正文的多个信息摘录或分割，提供重点形式，以便于读者把握正文的信息（图 3-71 ～图 3-73）。

①大标题
③引言
⑥署名行

图 3-71

⑥署名行
①大标题
②副标题
③引言
⑤注文

④ 小标题

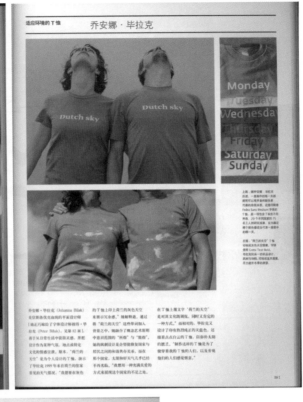

⑤ 注文

图 3-72

⑤ 注文

与欧洲其他地方一样，伦敦满大街都是多则几百少则几十年的老建筑。而就在那一条条年年月月不变的石板道两旁，褪色的红砖和磨蚀的石拱之下，素有欧洲时装学院之称的伦敦城哺育和迸发着最具创意的时装潮流，从边锋新锐到高级订制，从街头潮流到Hi-End品牌。你看时装，时装也在看你：

你在读那些建于古老建筑中的潮流店铺如何碰撞出新旧对接的精彩时，同时你也是这个Old & New年代的演绎者之一。无论你爱时装、爱科技、还是爱设计，甚至Geek的程度是对古代建筑流派如数家珍，走在伦敦的大小街头上，血拼的收获都是一加一大于二。

图 3-73

①大标题
②副标题
⑥署名行

⑤注文

在长文里适当运用小标题、注文、引言、署名行等对文章进行必要的分割，会使阅读长文带来的视觉枯燥感变轻，在快速浏览瞬间可以抓住情报点，便于选择性阅读。小标题、引言、注文等都能很好地使平凡版面变得活跃起来，这一点不光在杂志里适用，在一般书籍里，尤其是论述性文章里，借用上述变化点，也能够很好地起到引导、区分、整理的作用，使读者在阅读时可以更好地理解内容，尽快把握文章的关键点，帮助理解文章的思路。在版式设计上，上述变化点还可以改变版面的构成，避免大段纯文章的出现，随时调整设置解构，使版式更具有设计特色和新鲜感（图3-74、图3-75）。

图 3-7

图 3-7

3.6 作业评析

以下均为版式设计作业。对作业要求很放松，基本让学生按自己喜欢的思路进行设计，只对学生的作业进行引导，不干预，希望学生做作业时轻松愉快，不把它变成苦差事。在作业中允许学习借鉴他人的优秀作品，不是照搬，而是要理解消化后变成自己的表现手段。对学生的作业要求是理解文字、字体，在作业中更多地体现文字的作用，提高文字的视觉化效果，在整体构成中处理好图文关系，按照内容需求强化相应的代表性元素的表现特征，力图使相关作业在理解版式规则的情况下版式个性化，有情趣，并附有学生本人对版式设计的诠释。

3.6.1 作业中的点、线、面及网格

图 3-76～图 3-78 为学生的作业，基本以画册的形式做成，封面设计作为版式中重要的一环。学生对自己的封面设计还是下了一番工夫的，对版式设计经常利用的点、线、面及网格都有所理解，在作业中也基本体现了相应的设计要点，一些同学也注意到了对材质的表现。

图 3-76

图 3-78

图 3-77

图 3-79

图 3-79～图 3-84 很好地体现出了作者在版式设计中的自我控制能力，作品在表现个人特色的同时，能较好注意到与作品内容的呼应，不是作为个人艺术秀孤芳自赏，能较客观地对待设计作品。而有的学生为了视觉效果，添加过多与作品内容不相干的视觉元素，主次不分反而没能很好地突出主体内容，变成一锅大杂烩，让人吃不出味道来。因为没有经验，在设计中加法使用过多，而避用减法，这个也不想丢，那个也不放弃，最终的设计会偏离主体方向，让人看到的只剩突兀的视觉元素了。

图 3-80

图 3-81

图 3-82

图 3-83

图 3-84

图 3-85

图 3-86

在版式设计中应该自由发挥，注重版式规则的前提下，对文本整体的文字、图像做各种可能性的实验，力求最大限度放开版式的设计思路。比如图3-87，英文单词digitel pictures是用数字合成的，虽然还显得不够完美，但是大胆尝试是很有必要的。图3-93，颜色和背景和谐，典雅有品位，有六七十年代流行格调，但是英文字体的黑体略显单调，用有优雅品位的Palatino体，中文标题用粗宋体的话，就锦上添花了。

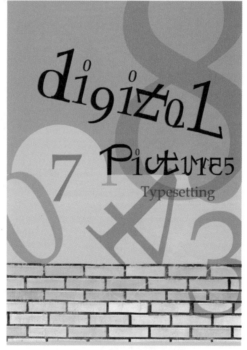

图 3-87

图 3-88

3.6.2 作业中的欧文 typography

学生的版式作业增加了欧文 typography 应用内容，所以要求能尽可能地感受到一些欧文字体的魅力，能通过设计解决设计中对欧文字体的理解，对不同的字体和它所代表的风格，以及与它的风格协调一致的 typography 的考量。

图 3-89

图 3-90

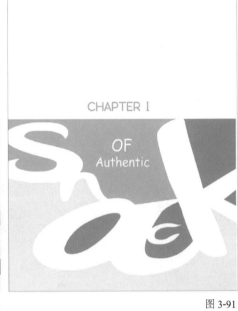

图 3-91

图 3-92

图 3-93

图3-95是对街头乱贴广告进行揶揄讽刺的内容，大大小小的文字编排显得混乱，这正是街头广告的写照。文字图形幽默、有趣。图3-97把八九十年代流行的小物件穿插在词汇当中充当字母，带有很好的暗示作用，能直观猜到字词的意思；下面的小字也很好地诠释出作者的创作意图——时代需要被怀念；版式简洁大方，内容和设计比较匹配，有新意。版式设计的好与坏，不单是视觉效果的问题，文是否对题、内容、图像的相互关系，文字对图像的影响等都是需要考虑的重要因素。文字、图形、视觉效果等要永远从属于内容。

图3-94

图3-96

图3-95

图3-97

图 3-98～图 3-101 基本是数字在 typography 中的表现，要求是现实生活中存在的、已使用的实物数字，比如街牌号码、汽车牌照等等。同学们各处搜集拍照再经过自己的加工创意，就变成了一幅有意思的 typography 作品。

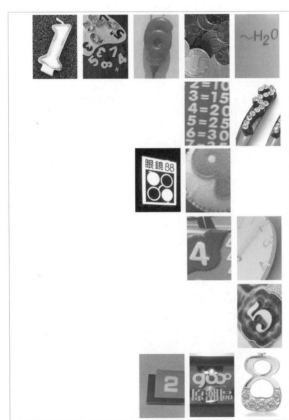

图 3-98

图 3-99

图 3-100

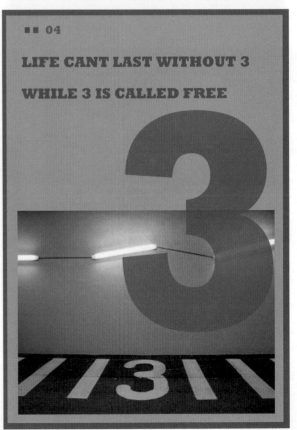

图 3-101

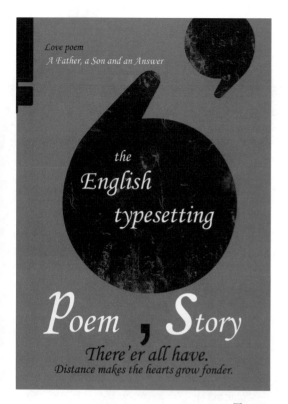

图 3-102

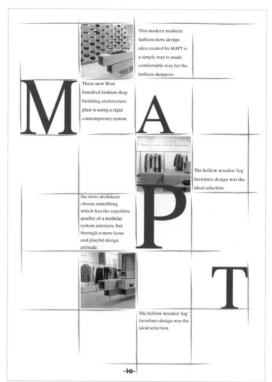

图 3-103

在学生所设计的欧文 typography 当中,对字体的运用表现相对较少。一些学生对字体的认识不足,在 typography 作业当中把字体作为设计元素使用,而很少体现字体风格。图 3-102～图 3-106 学生作品基本都是把文字作为元素使用的案例。虽然难以摆脱学生气的稚拙,但是并不缺乏表现力。比如图 3-104 利用字体笔画的结构线,作了一些有意思的探索和表现。

图 3-105

图 3-104

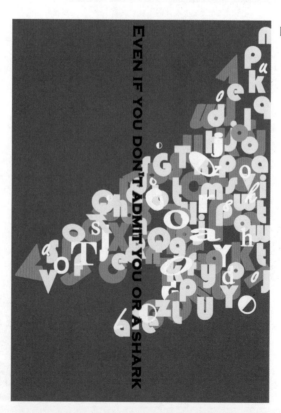

图 3-106

图 3-107

图 3-108

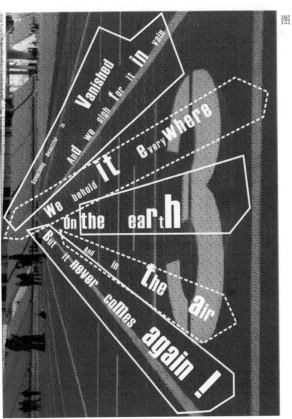

图 3-107 排列的字体有一定视觉效果，但是对于不同字体的搭配运用还是缺乏经验，大部分选用的字体既无关联性，也没有产生对比效果，显得杂乱。恐怕这也是学生的通病之一，即字体与内容的匹配上还是有待训练、有待提高。但图 3-107～图 3-110 设计思路还是好的，没有局限于版式的要求，没有受条条框框的制约，作品都显得轻松自然，有学生特有的表现力。如果在发挥表现力的同时，再注意一下严谨性，就会是很不错的设计。

图 3-109

图 3-110

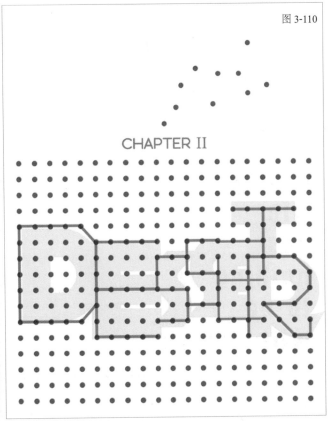

图 3-111～图 3-113 的学生作品体现了字体元素的视觉效果。由于学生本身英语能力的问题，没有要求学生自己创作英文内容作品，只把英文作为元素使用，完全从表现力上体现 typography 效果。可能由于内容的无关联性，也使得学生很少注意文字本身的作用，而更多是关注排版效果。这些图是同一学生的几张作业。她利用放射状或对角线的网格来处理文字排版，刻意用一些细线强调了网格线方向的文字编排，整体显得活跃，尤其适当地配置了插图，也使得整体画面感较强，有情绪感，似诗配画的效果。由于要体现网格效果，文字段落以左边对齐、右边放开的效果形成自然回行。如果使用中间对齐的话，可能会显得更情感化。但是，由于这种特殊排版方式也许会显得杂乱，所以左对齐是极其必要的整理手段，整洁但不拘谨，轻松但不放纵，是一次很好的尝试。

图 3-114，手写体字体和非衬线体字体，以及纯手写的文字，体现一种非常有趣的效果，与照片中女孩子的俏皮表情相映成趣，在严谨与松弛之间很好地找到了平衡点，图地关系以及图文关系处理得都比较好。作业中题目之一是《流行趋势》，由学生自己定义自己编排。图 3-115～图 3-117 介绍了广州的小吃，如点心等，很有女孩特色，用一些背景色块烘托了主体内容，色彩使用亮丽但不耀眼，恰当地控制了色彩的纯度和色相，颜色和谐，不突兀，很符合画面效果，表现内容与要求的题目相匹配，但局部仍略显嘈杂，在控制上再加注意效果会更好。

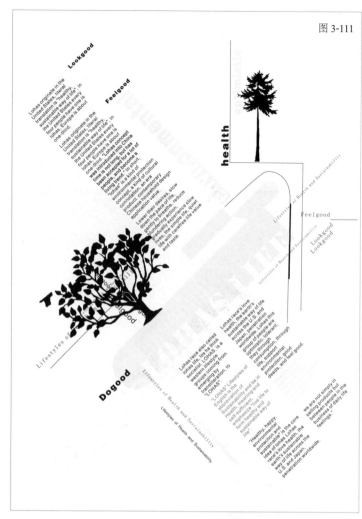

图 3-111

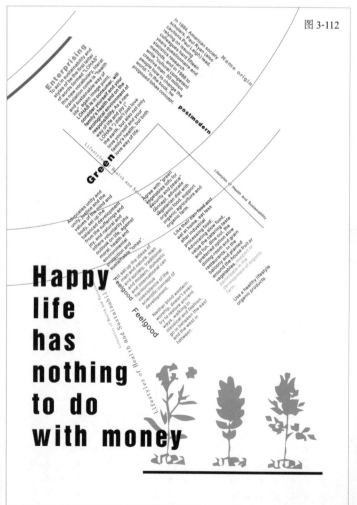

图 3-112

图 3-113

图 3-114

图 3-115

图 3-116

图 3-117

图 3-118

图 3-119

图 3-118、图 3-121 把字体切割重组，图 3-119 将文字、照片与橱窗的透视效果同步，产生有趣的视觉错觉，字像贴在玻璃上一样。图 3-120 将衬线体字体的细线部分消除，在识别性不产生问题的前提下，形成新的视觉效果。这些作品从版式设计角度来看仍有许多不足，但是作为实验性作业来讲，这种 typography 式的尝试还是很有意义的。

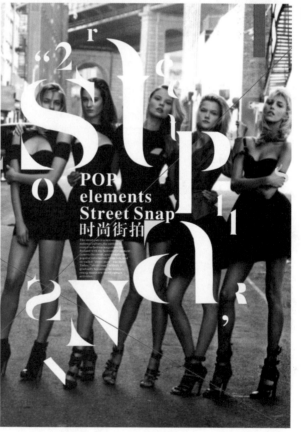

图 3-120

图 3-121

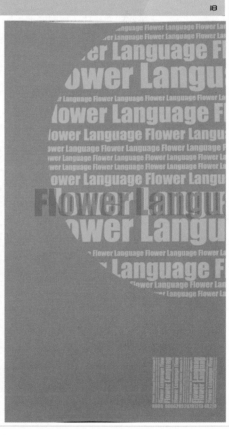

3-122

3.6.3 作业中的色调

图3-122是同一个学生的部分作业，虽然严格地从版式设计角度来讲谈不上优秀，但是整体的统一性和个人的风格化还是不错的。作为以杂志形式提交的作业，风格的统一是必要的，这同样是版式设计的一个议题。尤其版式设计强调样式，所有变化应在样式中完成。设计者在色彩、构成的基本样式等方面都有很好的统一性，至少读者可以知道这是出自一个人的作品。而很多学生都缺乏统一性，每个页面都想有特色，结果变成大杂烩。

图 3-123

图 3-124

图 3-123～图 3-126 是某女同学作业,她从《流行趋势》的题目要求出发,文字随图形排版,标题字通过字体变形重新设计。整体文字量偏少,但是表现自如;颜色、图案的选择适合当下流行趋势:淡雅、清新、非常女性化,体现女性休闲杂志风格。统一的形式感贯穿始终,从流行元素出发,图文配合得当,颜色恰到好处,符合作业要求,虽然版式稍显简单,设计的标题字也显得有点像食品类内容字体。

图 3-126

图 3-125

图 3-127

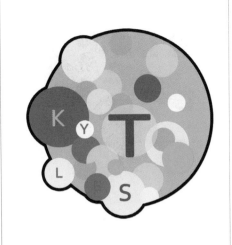

图 3-128

图 3-129

图 3-130

图 3-131

图 3-127～图 3-132 为不同学生的作品，仍然显得有点缺乏章法，部分作品还显生硬，但可以看出，学生们在努力试图找到字与图的关联性，不断地在实践中积累经验，找到属于自己的、可以诠释个性风格的设计样式。版式设计在体裁、内容等的限制下，设计感与内容的匹配，更多时候是来源于经验和个人样式风格。没有风格的版式设计不算好设计，但过于个人风格化的设计也容易陷入脱离主题、孤芳自赏的危险境地。图 3-133、图 3-134 为进行各种 typography 尝试的学生作品。

图 3-132

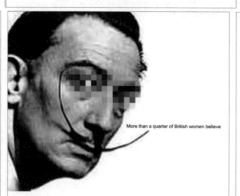
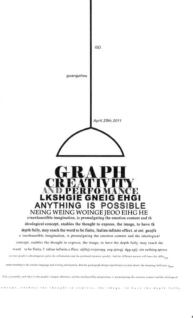

图 3-133

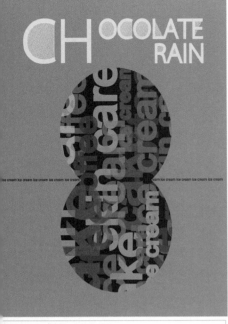

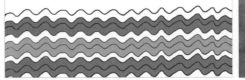
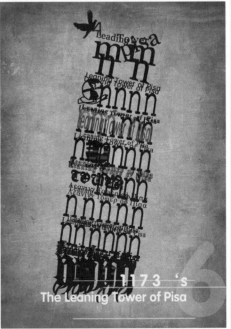

图 3-134

图 3-135

一口气做成。形容文章结构紧凑，语气连贯。也比喻做一件事安排紧凑，迅速不间断地完成。

图 3-136

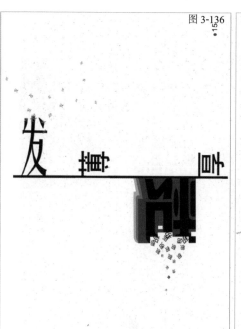

图 3-137

gēn shēn dì gù

在作业当中有一个题目是《画说成语》，以成语里文字本身为元素，让文字变成画，以画这种视觉方式解释成语的意思，力图让学生理解文字内涵。现在的文字是由远古的象形文字演化而来，所以引导学生换一种角度审视文字的功能，不从抽象的意，而是从具象的形来重新认识文字，以抽象的文字来表述具象的事物。图 3-135～图 3-142 的学生作业里，有简单地利用视觉辅助效果解释成语，也有利用文字本身含义以字释字，利用文字本身的样态来解释成语的寓意的，很好地对抽象的内容进行了可视化尝试。

图 3-138

[xīn zhōng yǒu shù 心中有数]

一词出自《庄子·天道》："不徐不疾，得之于手而应于心，口不能言，有数存焉于其间。"意思是对情况和问题有基本了解，处理事情有一定把握。

图 3-139

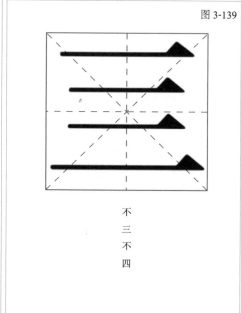

不三不四

图 3-140

…东倒西歪…

图 3-141

缺一不可

图 3-142

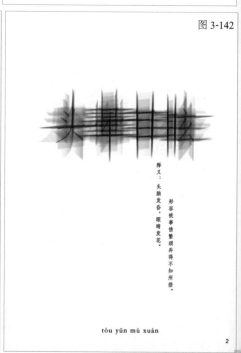

释义：头脑发昏，眼睛发花。形容被事情繁琐弄得不知所措。

tóu yūn mù xuàn

3.7 向优秀版式设计学习

■ 图 3-143 为日本著名设计师杉浦康平先生的系列杂志封面设计，以非对称的斜网格线结构体现极强动势。背景的装饰性点状物也很好地暗示出版式的斜网格线，由于是点，同时也可以理解为横排以及竖排的网格线。作为主要视觉点的杂志名称为稳定的竖排方式，以示区别，在大部分视觉元素为斜排设计中，适当加入稳定元素，平衡了动势关系。

图 3-143

图 3-145

图 3-144

■ 日本设计师服部一成在日本多次获奖，以手写文字、异色的平衡感觉、不定形的造型形式，创作出带有服部风格的作品。他力图摆脱教科书式的设计方式，追求带有未知的进行途中的设计效果，避免设计的过分机能性，像艺术家一样考量设计作品，强调怎样进行判断的重要性。图 3-144、图 3-145 是其为日本著名的丘比色拉酱所做的系列广告设计。新丘比酱的热量只有原来的1/2，定位受众为都市单身女性。创意构思以现代都市女性的个人日常的照片日记的形式，以丘比酱包装上的网纹为元素，手工拼剪的照片日记式，体现不可思议的浮游感，以及女性气息的清洁感和透明感。标题英文 SUGAO 的日文意思为素颜。照片均为以女性视角所拍的身边随处可见的景物，版式体现了随机性的视觉效果，但是手

图 3-146

写文字的排列、照片的任意剪接等都考虑到了版式的平衡感、秩序感。图 3-146～图 3-150 是为《流行通讯》杂志所做的封面设计，标题字仿佛是早期电脑的低精度显示屏所形成的锯齿状文字，整体版式体现的是一种设计途中的感觉，正是这种文字以及照片的配置考量状态的瞬间，形成一种有趣的平衡感。流行本身就是进行时态，没有终结，版式也同样体现了这种非终结性样态。

图 3-147

图 3-148

图 3-149

图 3-150

■ 岩渊 Matoka 是日本知名设计师，其大胆的想法和缜密的构成成为完成度极高的设计作品。他担任过多种杂志的艺术总监，设计时目的和意义作为大前提优先考虑，简洁易懂，不会让个性化阻碍设计目的最终显示效果。图 3-151～图 3-154 是其为几种杂志所作的封面和内页设计。让文字在造型中展开，结构大胆，冲突性视觉效果中保持构图的严谨。图 3-155 为电影海报，用细线体标题字衬托电影内容的细腻和情感，让文字从属于画面。图 3-156 是为《东京造型大学杂志》设计的封面，以方形立方体体现造型的寓意，粗重的黑体字体与立方体相匹配，整体有极强的构成效果。

图 3-151

图 3-152

图 3-153　　　　　　　　　　　　　　　　图 3-154　　　　　　　　　　　　　　　　　　　　　　　图 3-155

图 3-156

■ 图 3-157 为海报 Dialog in the Dark (暗间的对话) 的设计，标题文字被截掉部分，因为是衬线体，所以并没有影响识别性，形成悬浮飘曳的效果，在纯黑的背景下寓意主题，醒目而深刻。日本知名设计师水野学，他总是俯瞰自己的设计，纵观全体，认为设计师是人和设计之间的中介。对于强势的较酷的设计没有兴趣，强调设计的目的性。图 3-158 是题为《东京，柏林／柏林，东京》的展览会海报，画面似乎没有主题，利用重复的要素组织画面，寓意展览会内容的丰富和一言难尽其详，而重复往复的元素也呼应了"东京，柏林／柏林，东京"这一主题。

图 3-158

图 3-157

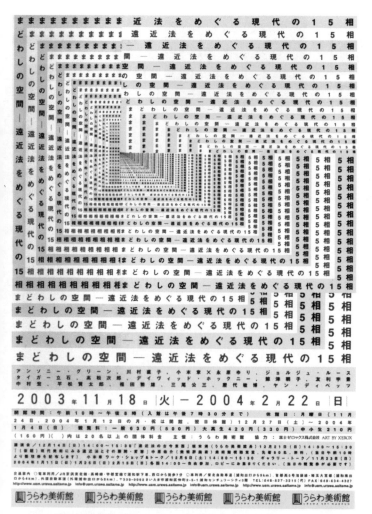

图 3-159

图 3-160

大溝裕先生是日本知名设计师，在许多设计领域都有所成就。图 3-159 是为展览《错觉空间——远近法的十五样态》所做的海报设计：用横竖排列的题目字进行缩小字体和不断复制的结果，形成带有远近效果的视觉错觉感，与标题的意义完全匹配。图 3-160 是以《梦看明天》为题的写真展，发黄的纸张，带有时代特征的图片，以及带有极强时代特征的字体来表现同时代摄影家的名字，极具时代感；不同的字体，自然显示不同时代的风貌。海报极具亲和力，朴素自然，平实的叙事风格符合时代背景。图 3-161 为斋门富士男的写真展，题目为"STAR KIDS"（明星孩子），以同一男孩的近景（亲和的 KIDS）和中景的 (STAR 风格) 肖像照，寓意微妙的景深变化会改变照片的风貌，借以展示照片的精髓，寓意深刻，整体的版式都是为说明这一点而构成的。

图 3-161

图 3-162

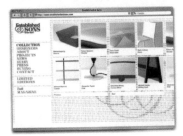

图 3-164

图 3-163

■ 图 3-163～图 3-165 是由伦敦的双人设计组合 Made Thought 所做的设计，是著名厨房用具、家具公司 Established & Sons 视觉形象系统的一部分。除部分办公用品以外，从公司形象出发，为体现公司的多面性业务特征，以二维立方体造型，各个面安排文字，这样公司标志字体不会全部出现在一个平面上。在纯平面的版式上，也以黑框里放置文字并且互相叠加形成二维空间效果，以呼应立方体的视觉效果。

Made Thought 认为，设计不是单纯的视觉效果，它需要纵观全局，强调的是视觉的交流。版式也遵循于整体的设计思路，水到渠成，不是单独存在的视觉展示。

图 3-165

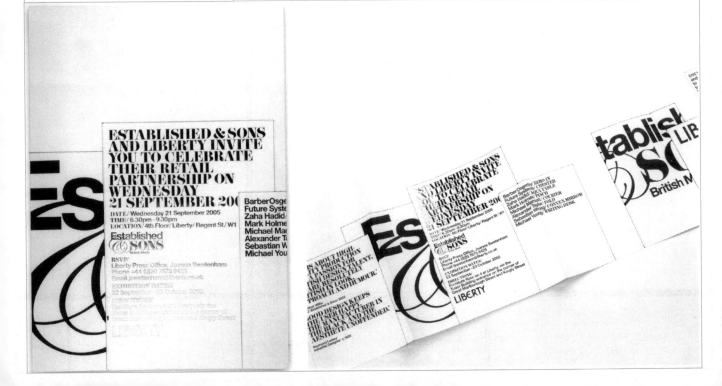

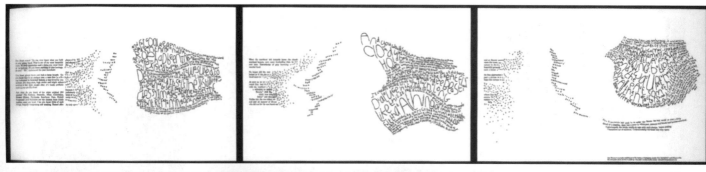

图 3-166

图 3-167

伦敦的 Sam Winston 的作品分不出是设计还是艺术。按他的话说,文字与 typography 是无法割舍的,所以他总是从文字角度和词义上展现 typography 的魅力,形成独特的个人风格。图 3-168 以故事《美女和野兽》的内容为题材通过不同表现手法,以全新的六种故事展开,图 3-168 为其中的三种故事的内容。他把故事里的文字按字母顺序由 a 到 z 重新排列,形成了全新的故事情节。他以解构重组的方式把字词的意义以象征的手法表现出来,形成文字视觉语言。他现在既是设计师又是教授,为几所大学授课,其作品被著名的纽约 MOMA 收藏。图 3-169 为与字典有关的偶发故事的创作,左边为组成故事的各个单词,右边为单词在字典里的解释。

图 3-168

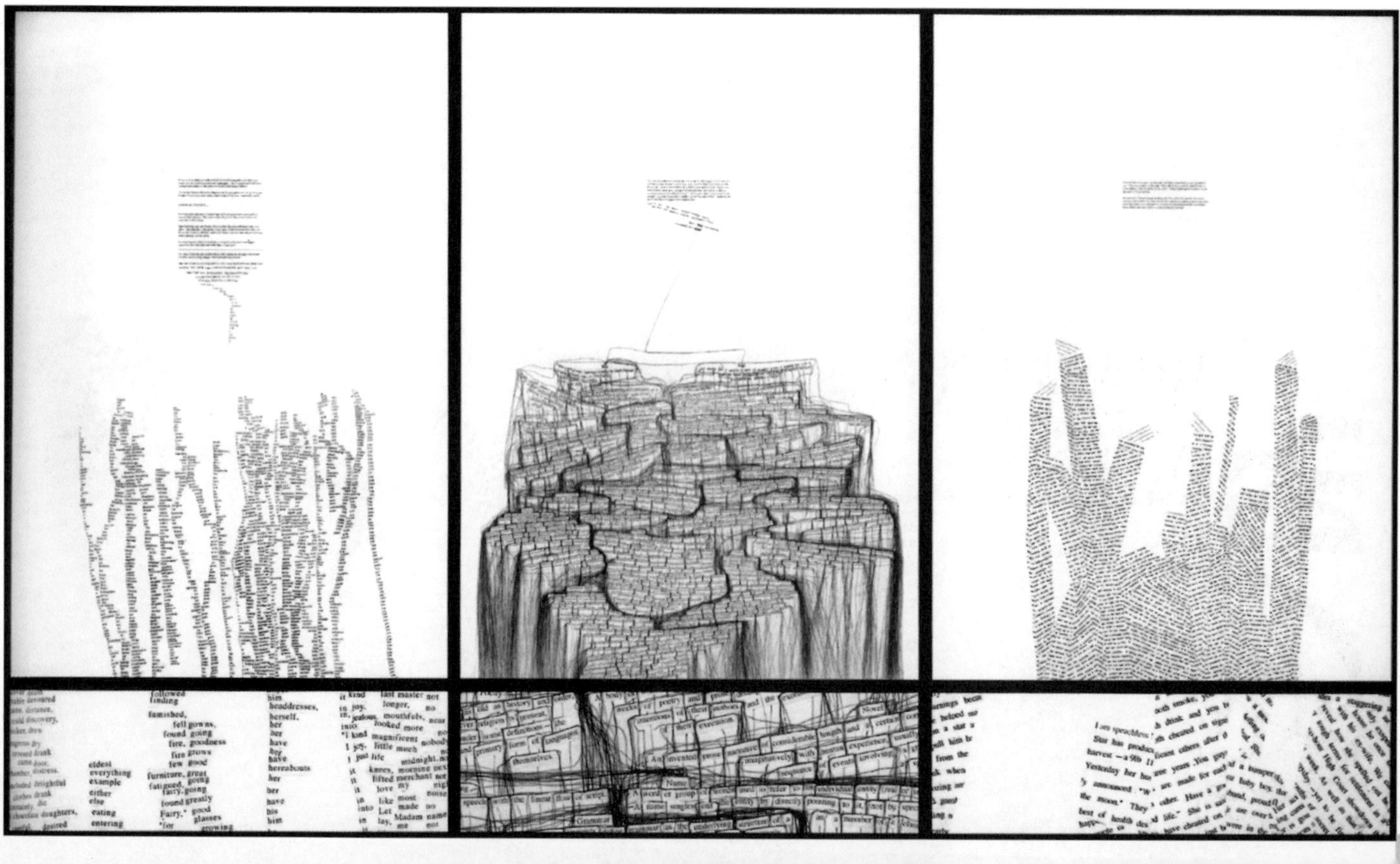

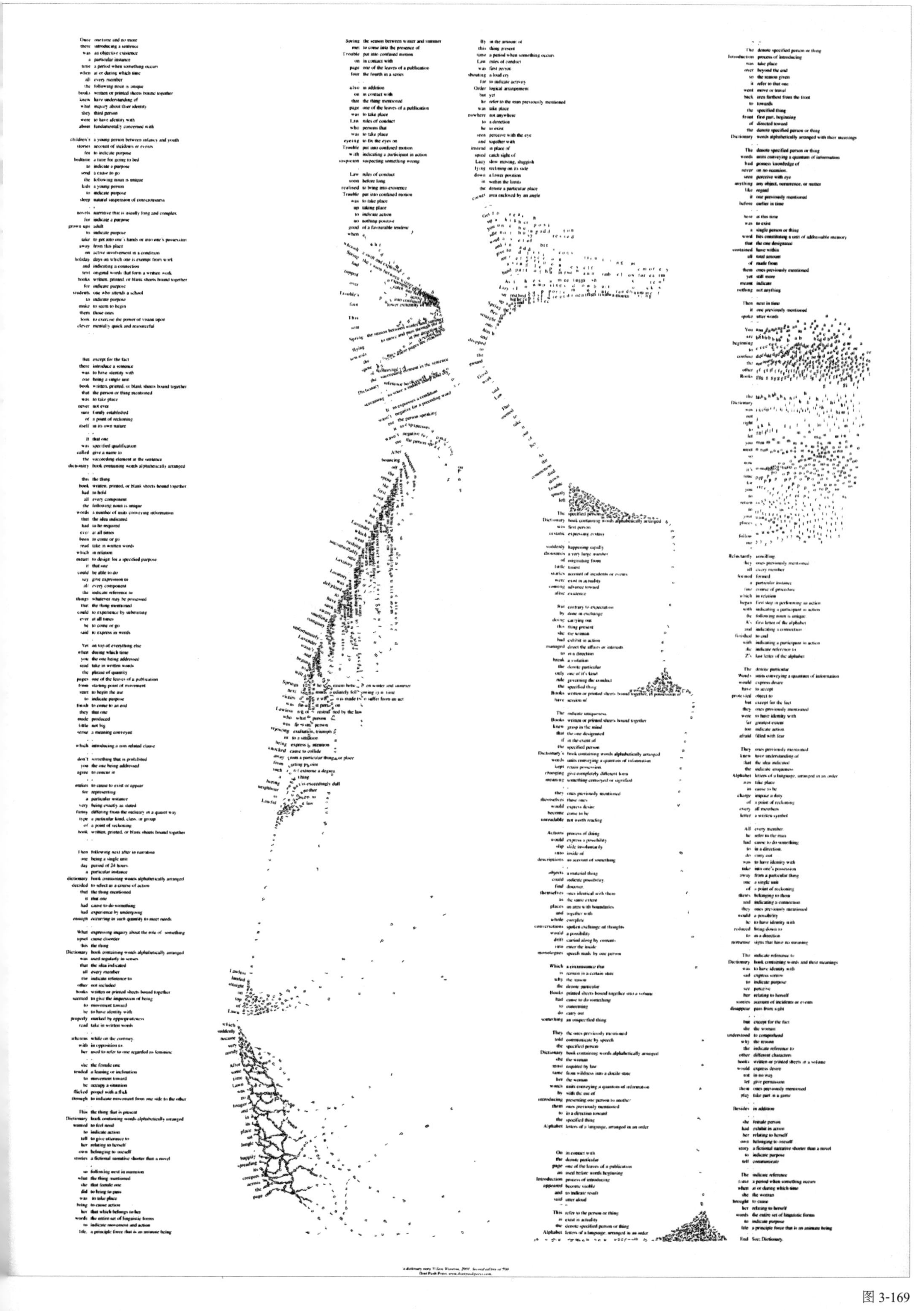

图 3-169

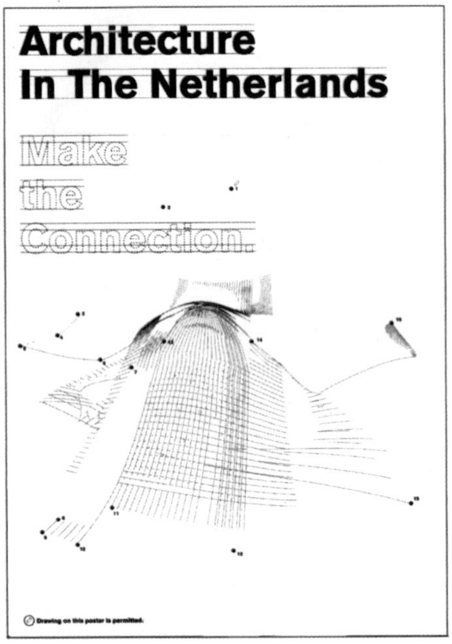

■ 巴基斯坦出生的 Bosit Khan 是年轻的 80 后设计师，其作品活跃在世界各地杂志中。他认为电脑设计的普及化带来的最大贡献就是 typography 变得容易有效。图 3-170 为《建筑存在的意义》为题的海报，图中的点由观者连接就会形成建筑效果图，很好地利用互动效果，促成设计与人的关联性。图 3-171 是题为 *Dont Change the Chanel* 的广告，字体与香奈儿的标志相得益彰显得极有品位。图 3-172 为 *Wish You Werent Here* 为名字的作品，题目为手绘字体，显得轻盈俊秀。图 3-173 是以网络的文章盗用为题材所做的海报，左侧为作者用自己的打字机打出的 Courier 字体文字，寓意为带有著作权的原文，右侧为用电脑的文档软件和 Garamond 字体打出的寓意为盗用的文字，用手画的线把各个对应的字相连接。由于打字机与电脑的字间距、行间距不同，所以仍然可以显示出相当大的差距来。他以强烈风格诠释了题目的意义。

图 3-170

图 3-171

图 3-172

图 3-173

图 3-174

图 3-175

图 3-176

图 3-177

澳大利亚设计师 Deanne Cheuk 在 19 岁大学毕业时就担当了某杂志的艺术总监，现在是纽约杂志 *Tokion* 的艺术总监，并为多个杂志进行设计。她以插画方式对 typography 进行多种有意尝试。她的设计把插画和 typography 有机结合，把版式设计的电脑化部分无机质的构成与手绘的有机表现完美结合，创造出独一无二的设计表现形式。她的手法是把插画作为设计要素放入作品中，这种不可重复性和无可复制性真正代表了她的个性特征。她的作品使我们明白，设计的突破既不是电脑技术，也不是单纯的艺术感觉，而是把创作经验和自己的追求有机结合；版式设计不管怎样体现艺术特质，最终都是要回归到阅读者的立场来，把个性和现实进行整合。Deanne Cheuk 就是这样，她的魅力在于不是孤芳自赏地自我陶醉，而是把理想和现实紧密相连，把版式设计的最终目的与自己的艺术感觉进行整合（图 3-174～图 3-177）。

图 3-178

■ 巴西设计师 Yomar Augusto 备受设计界瞩目，曾被 *How Magazine* 评选为巴西前五位设计师之一。他手绘的创意本有 100 部之多，图 3-178、图 3-179 介绍的是名为 The Green Mile 的创意本。他并非讨厌电脑，但是手绘是最直接最快捷的记录方式，创意本有结构，有题目，有连贯性，把日常捕捉到的感受、信息等用设计语言的方式记录下来，并且用 Calligraphy（欧洲早期的硬笔书法）的方式进行文字记录。创意本并非随手之作，它完成难度相当高。在版式上和 typography 等的创意上极有新意，所以他的创意本就是一部未经印刷的完整作品。版式部分的独特是在电脑前摆弄不出的。电脑设计普及的今天，我们的学生都是坐在电脑前面把各个设计元素摆来摆去，不画草图，不整理自己的设计思路，把设计全部寄托于电脑。但在众多有名设计师的访谈录里我们得知，一个优秀设计师在整个设计过程中，其在电脑前的作业不超过整个设计过程的 1/10，大部分时间是在整理资料和在草图上完善设计。

图 3-179

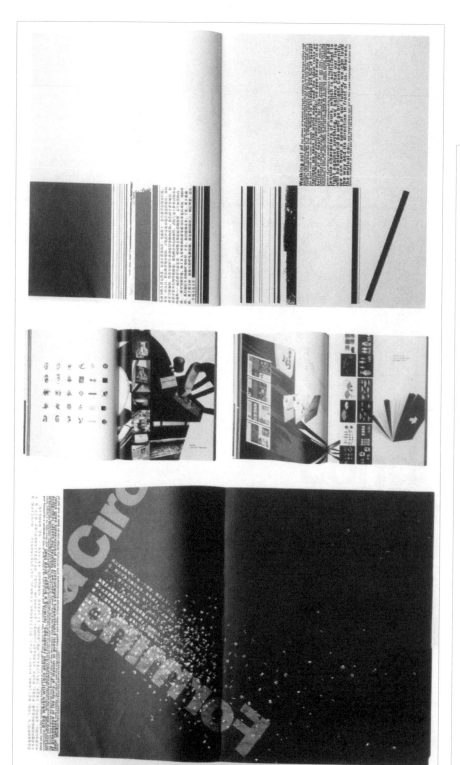
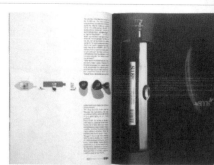
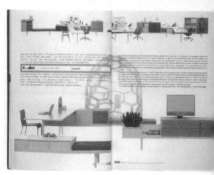

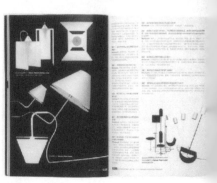

图 3-180

■ 图 3-180 为*革新设计*所设计的名为《圈子》一书的内页。对 typography 大胆尝试，文字要素同时也是视觉要素，对文字的视觉化进行了有益探索。通常司空见惯的文本，经过打散后完全视觉化，我们在读取文字的同时，在视距的变化过程中由具象到抽象又到具象，形成多方位的感受。文字密度是使我们的阅读感受产生变化，会被动地把抽象的意象转化为一个新的视点。对于学生来讲，版式设计是通过设计过程和试行错误诠释设计和文字的过程。图 3-181～图 3-183 是*革新设计*为设计观念杂志《360°观念设计》杂志所做的版式设计。

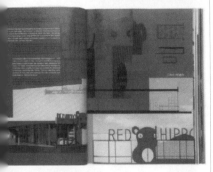

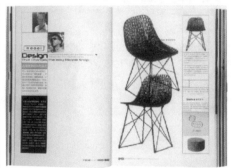
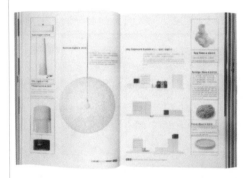
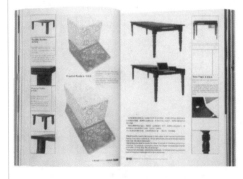

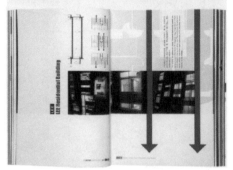
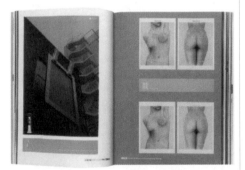

图 3-181

图 3-182

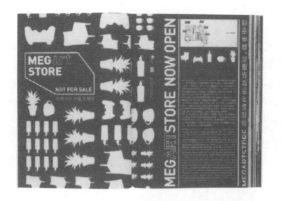

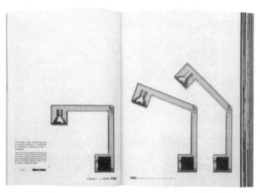

图 3-183

图 3-184

图 3-186

图 3-185

英国 100 强设计师之一的马里恩·德查丝，她拥有自己独特的平面设计语言，她的作品被设计界誉为完美平衡的格式塔。图 3-184 为她在古巴滞留期间所做的自我宣传用品（共两幅），画面的完美平衡感以及照片所做的处理，使得照片似乎是为设计这个画面所拍摄的一样；图与文字的关联性，使两者完美地诠释了整体画面的设计感。图 3-185 是为英国题为 Picture This 的评议活动所做的海报，展示当代英国插画为主题的活动。照片融入背景中，几块大的颜色块把情报进行分区，手写字和印刷体字相互衬托，极有秩序感，画中随意的几只鸽子把画面的上下部进行了巧妙连接，使上部背景色不再是一块简单的颜色，更像一片天空，使画面有了景深效果。版式在随意中错落有致，有网格线般的精确感。图 3-186 是她为著名的《卫报》所设计的评论版面。一反通常报纸插图大众化的专业传达方式，评论版这个令人想到的就是枯燥呆板的页面，其创新设计令人耳目一新。版式所使用的字首下沉以及巨大引号和注文都使得版面活跃，让人瞩目。她的版式语言让人感到亲切和有魅力。

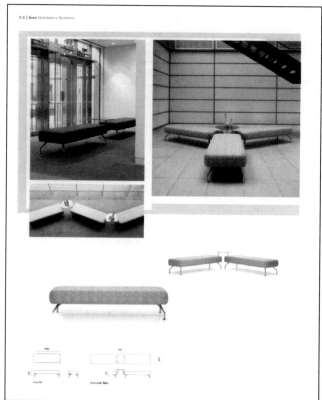

图 3-187

图 3-188

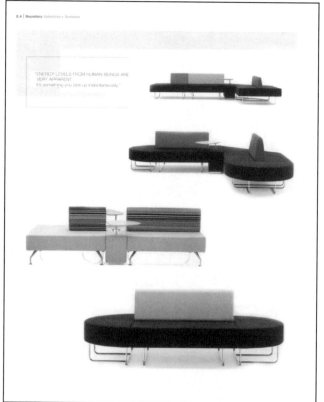

图 3-189

图 3-190

■ 拉塞尔·沃伦，著名设计师、教师。图 3-187～图 3-190 为 Orangebox 公司所做的宣传手册。作品摒弃了不必要的装饰性元素，单纯以产品照片为主，控制色调，使整体格调与公司的品牌印象相结合，显得低调奢华而不失典雅。我们学习版式设计也应这样，与最终目的要求相匹配是关键，我们所有的设计元素最终都应指向目的地，而不是上演个人的独角戏。版式的功能性是不容忽视的。

图 3-191

图 3-192

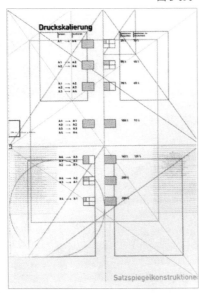
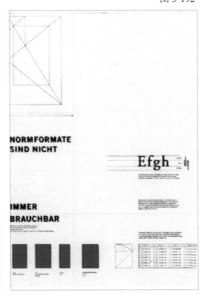

■ 图 3-191～图 3-195 是德国莱比锡平面设计及书籍装帧艺术大学的学生作品。它以海报形式介绍关于印制和设计图书的培训，用不同尺寸的印刷纸张和独特方法折叠而成的海报，内容是对观看者解释印制和设计图书的基本术语，校样的修正标记、格式、印刷规则等，同时也可以变成一部书。版式设计针对培训进行特化。因为它是一部培训手册，版式全部以外行人或学徒对印刷的基本知识及技能进行掌握的过程为线索，没有教科书式的呆板，以最大限度的视觉要素来引导观看者理解和掌握印刷技能。作为相当优秀的学生作品，它以图形语音解构文字的意义，以图说话，既是一部易于掌握的培训手册，同时又是一种优秀的版式设计方案。

图 3-193

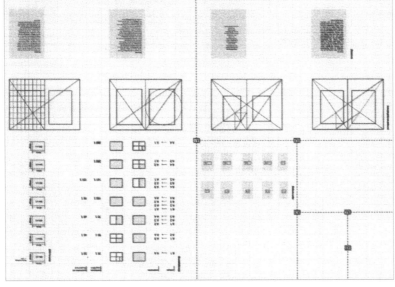

图 3-195

图 3-194

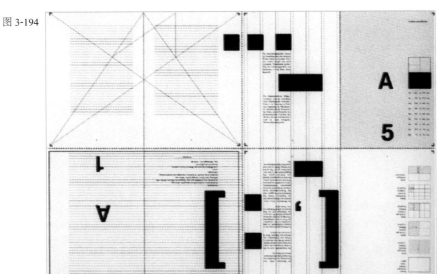

■ 图 3-196、图 3-197 是文森·弗罗斯特为艺术类杂志 *Ampersand* 所做的设计。以文章关键词或小标题的字体设计形成统一要素，组成字体以 1/4 圆形为设计元素，可以变成任何字母或组成正方向，甚至可以变成所需要的任何标点符号，从字体设计的角度来讲这也是一种事半功倍的好办法。版式设计在整体上还强调跨页的效果，本来书籍也好、杂志也好是要摊开来看的，所以版式页面对读者来讲是跨页的。而且跨页效果能很好地让读者明白本篇内容的长度和连贯性。

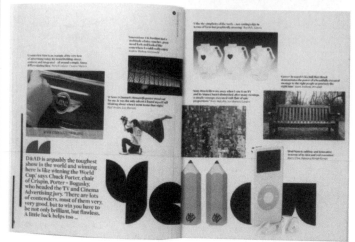

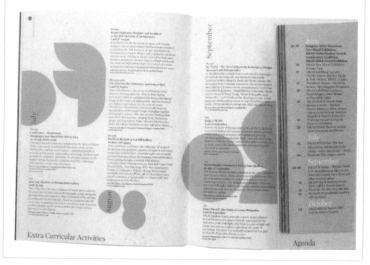

图 3-196

图 3-197

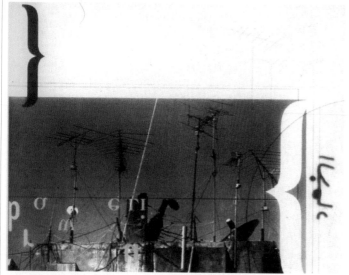

■ 图 3-198 是黎巴嫩贝鲁特美洲学院的学生作品—《贝鲁特的风景》画册。画面紧张，感觉像电影的各个场景。把括号变成有趣的设计元素，在意义上强调照片或内容是特定时期的，并非持续不变的，使充满战争疮痍的贝鲁特仍有期待、仍能绽放出特定的美感。在文字编排上注重 typography 的探索，采用游曳的、飘零断续的字体，带有一种战争后的悲怆、无奈。

图 3-198

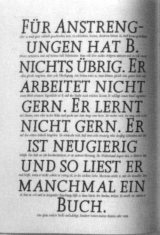

图 3-199

图 3-200

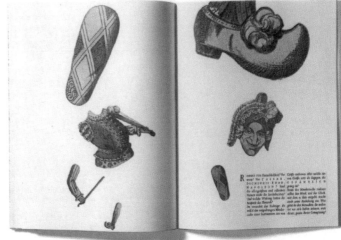

图 3-201 图 3-202

■ 图 3-199 ~ 图 3-203 为德国斯图加特大学的学生作品——Die Provinz Des Manschen（人类区域）。将作者的引文进行了图像转化，为读者提供足够的空间对图像进行自我解释。他把抽象文字图形化，着重于创意、观察以及收集素材的源起与转化，为读者提供直接而深入的见解。我们学版式设计也是如此，应试图通过版式的变化告诉读者相关信息，传达独特见解。

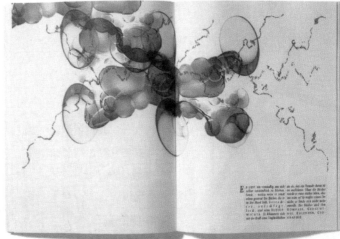

图 3-203

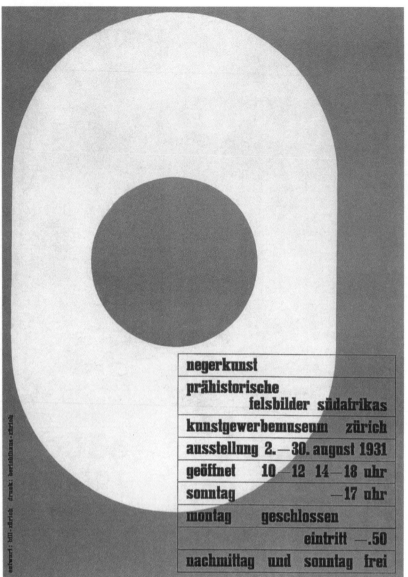

图 3-204

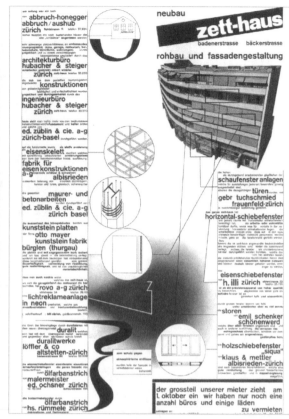

图 3-206

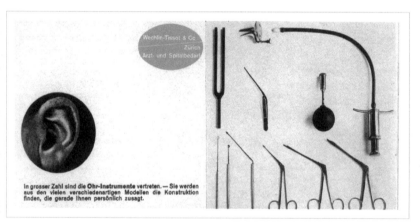

图 3-205

图 3-207

■ 20世纪最伟大的设计师之一马克斯·比尔，这位包豪斯的毕业生，他的作品视工作之需而定，所以风格各异。他的专长是对印刷作品的独特解读，这一点才是他作品有影响力和重要性所在。图 3-204 是为黑人艺术南非史前岩画所做的海报，简洁的小写字体和抽象的几何图形，以及棕色背景，让人不由得联想到非洲，有一种难以名状的美感。图 3-206 是为住宅发展项目所做的报纸正版广告。列举了使用的建筑新技术、服务和配套设施，左下的黑色括号指向说明栏。这是于 1928 年设计的广告，把广告要素以及版式要素均衡结合。图 3-205、图 3-209 是为医疗物资以及医院设备

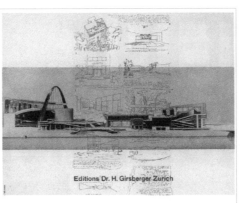

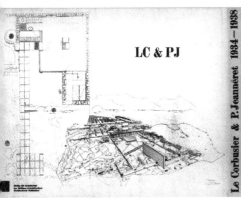
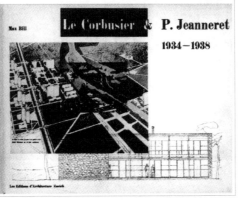

图 3-210

所设计的宣传手册。使用了当时（1934年）所有的网眼印刷技术，并为医院大楼做了透视处理，使内部医疗设备一览无遗。不用多说，好的版式是需要有创意的。图3-208为20世纪最杰出建筑设计家勒·柯布西耶作品画册所设计的正面、背面。在1936年做出这种设计是相当大胆的，满版整铺，不留栏边，紧挨印刷裁切线进行设计。图3-210为一家家具公司所做的家具展海报。那几个连接在一起的白色图形使用得相当俊秀巧妙。

图 3-208

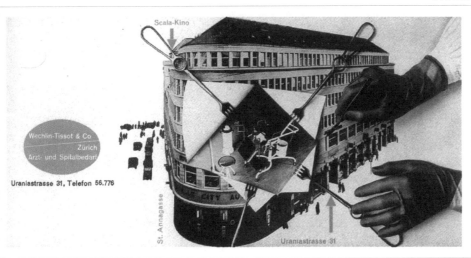

图 3-209

后 记

在教学当中感到,学生并不缺乏创意想法,但是作为版式设计的基础知识比如像对齐等常规的应用手法,既不新奇也无难度,即使如此,我们很多学生仍然很难熟练掌握。我想还是同学们平时的训练不足,对于版式设计还没能形成良好的设计习惯,所以本书对版式的基础设计手法进行了强调,并用图例来说明解释,以便于学生学习。

学生们虽然可以熟练地使用电脑进行设计,但是对一些电脑组版的规矩,也就是印前系统(DTP)的基本知识还不了解,因此其作品创意有余但规矩不足,明显缺乏应有的专业训练。我们大部分的高校设计专业没有开设印刷设计课程,也没有相应的教学设备,使得我们学生作为未来的设计师必备的常识性DTP知识匮乏,这也直接影响到版式设计的规范化。比如最简单的标点的避头尾设定都不懂的学生也并不少见,在调整段落左右对齐等简单技能上,仍有大部分学生用硬回车来处理行长、回行等,这就造成在需要改动文本时形成不必要的麻烦、耗时、耗力。所以本书对于处理文字、段落的一些简单的软件技能、技巧都以图文方式示意和说明,力求促进学生的理解和掌握。

平时的学生作业显示,他们对字体的认识是比较欠缺的,一个好的创意和实施方案由于选用字体的问题可能造成整个设计气氛极不到位。学生对电脑中的字体也没有进行筛选,而是凭感觉选用字体,由于经验不足所使用的字体并没有很好地与文章对接,形成文章说东西、字体说南北的尴尬局面。所以本书用相当篇幅强调字体的认识、什么是好字体。

本书从字体认知出发到排版的规矩法则,最终落实到文本的字体表现力上,尽可能多地使用设计案例来使学生明白文字的力量与创意的紧密关系,想让学生明白一个道理:版式设计不是视觉决定一切,它要有对版式内容的理解以及对内容的诠释,视觉要素只是最终目的的体现,而通过对文字内容的理解,通过版式设计才能把文字内容所体现的抽象性可视化。

文字的艺术化处理的 typography 也就是印刷物文字体裁的艺术应用,作为本书的一个重要话题从开始到结束都有提及,尤其是欧文字体的应用更是我们学生的弱项,所以在 typography 应用上强调了欧文字体的组版规矩以及实际应用的技巧。

在国际化的今天,文本的欧文中文混编等是我们学生较陌生的,DTP规矩在本书中也重点提及,希望学生们尽可能地摆脱地域差距,变成相对国际化的设计人才。

最后,本书通过学生作品分析以及国外优秀作品赏析来总结,并通过认识优秀版式作品开阔眼界,提高欣赏能力,最终使学生把所学到的内容体现在今后的作品当中去。

编 者

2012.12